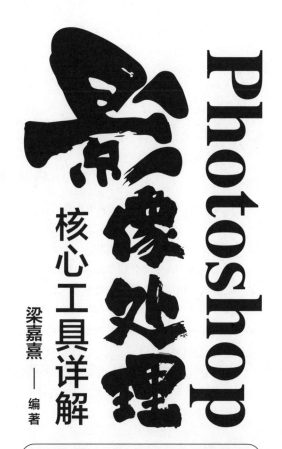

Photoshop 影像处理

核心工具详解

梁嘉熹 —— 编著

附赠图片素材与教学视频

人民邮电出版社
北京

图书在版编目（CIP）数据

Photoshop 影像处理核心工具详解 / 梁嘉熹编著.

北京 ：人民邮电出版社，2024. -- ISBN 978-7-115
-64925-6

Ⅰ. TP391.413

中国国家版本馆 CIP 数据核字第 2024B1M587 号

内 容 提 要

想要创作出好的影像作品，精通数码摄影后期处理技术是必不可少的。本书系统全面地介绍了使用Photoshop中的核心工具及功能提升照片质量的技巧，旨在帮助读者提升后期修饰水平，打造出独特且富有表现力的影像作品。

本书共19章，主要介绍了Adobe Photoshop中各种工具、滤镜和调整命令的作用和实用技法。从移动工具、画笔工具等基础操作工具与辅助工具，到神经网络滤镜和液化变形命令等高级功能，本书深入探讨了不同工具和命令的应用场景和具体的操作步骤，涵盖了选择、修复、像素控制、AI选区、画面校正、各类滤镜效果、色彩和明暗调整等方面，旨在帮助读者掌握从简单编辑到复杂图像处理的技能。

无论是摄影后期初学者，还是有经验的Photoshop软件用户、专业修图师，本书都提供了全面的指导和丰富的实战案例，能够帮助读者有效提升影像后期处理的专业技能和创作效率。

◆ 编　著　梁嘉熹

责任编辑　胡　岩

责任印制　周昇亮

◆ 人民邮电出版社出版发行　北京市丰台区成寿寺路 11 号

邮编　100164　电子邮件　315@ptpress.com.cn

网址　https://www.ptpress.com.cn

北京九天鸿程印刷有限责任公司印刷

◆ 开本：700×1000　1/16

印张：17　　　　　　　　2024 年 12 月第 1 版

字数：296 千字　　　　　　2024 年 12 月北京第 1 次印刷

定价：89.00 元

读者服务热线：(010)81055296　印装质量热线：(010)81055316
反盗版热线：(010)81055315
广告经营许可证：京东市监广登字 20170147 号

"达盖尔摄影术"自 1839 年在法国科学院和艺术院正式宣布诞生后，其用摄影捕捉、定格瞬间的能力一直让人着迷。某种程度上，摄影的核心是对摄影人内在感知的转化——围绕日常事物、自然环境、新闻等命题展开创作，对看得见的、看不见的，以及形而上的一种诠释。不同的作品也体现了摄影人个体性、差异性的价值观。

在数字时代，几乎每个人都拥有一部带有摄像头的智能手机，出于对外在的感知、思考和记录，不管创作和传播的技术如何发展，摄影的基本行为和摄影存在的基本理由似乎让我们所有人都成为了"摄影师"。

然而，就创作手段而言，简单地复刻外在场景难以达到深刻的情感共鸣。事实上，无论是纪实新闻，还是艺术题材，摄影从来都不是简单的"再现"。摄影创作，永远与艺术家的想象力、创造力、价值观密不可分！在摄影创作中，个体化的视觉经验和生活体验是摄影创作图式语言的渊源，而又因个体性的差异形成了摄影艺术形态的多样性，呈现出各尽其美的面貌。

摄影是一个用眼睛去看，用心去感受，通过快门与后期调整更直观地体现作者的内心，从而引发观者共情的创作过程。摄影创作更应该注重"感知的转化和感知的长度"，对更深程度的感知进行发掘。优秀的摄影作品不一定是描述宏大场景的壮阔与悲壮，但定会与每个人的平凡生活产生共鸣。这些作品源自作者对外在世界的感受和理解，然后通过摄影语言呈现给观者，从而让观者产生情感、内心视觉的共情，形成陌生而熟悉的体验。作者的感受和理解越深刻，作品的感染力就越强。归根结底，所谓摄影，即找到能触动自己的、自己最想要表达的情感世界，并通过画面传达给观者。

十余年历程，十余年如斯，大扬影像始终以不变的初心，探索摄影前沿趋势，重视和扶持摄影师的成长，认同美学与思想兼具的作品。春华秋实，大扬影像汇聚各位大扬人，以敏锐的洞察力及精湛的摄影技巧，为大家呈现出一套系统、全面的摄影系列图书，和各位读者一起去探讨摄影的更多可能性。摄影既简单，又不简单。如何用各自不同的表达方式，以独特的视角，在作品中呈现自己的思考和追问——如何创作和成长？如何深层次表达？怎样让客观有限的存在，超越时间和空间，链接到更高的价值维度？这是本系列图书所研究的内容。

系列图书讨论的主题十分广泛，包括数码摄影后期、短视频剪辑、电影与航拍视频制作，以及 Photoshop 等图像后期处理软件对艺术创作的影响，等等。与其说这是一套摄影教程，不如说这是一段段摄影历程的分享。在该系列图书中，摄影后期占了很大一部分，窃以为，数码摄影后期处理的思路比技术更重要，掌握完整的知识体系比学习零碎的技法更有效。这里不是各种技术的简单堆叠，而是一套摄影后期处理的知识体系。系列图书不仅深入浅出地介绍了常用的后期处理工具，还展示了当今摄影领域前沿的后期处理技术；不仅教授读者如何修图，还分享了为什么要这么处理，以及这些后期处理方法背后的美学原理。

期待系列图书能够从局部对当代中国摄影创作进行梳理和呈现，也希望通过多位摄影名师的经验分享和美学思考，向广大读者传递积极向上、有温度、有内涵、有力量的艺术食粮和生命体验。

杨勇

2024 年元月

福州上下杭

　　作为当今最受欢迎，并且被广泛使用的图像处理软件之一，Photoshop（简称 PS）提供了许多强大而多样化的工具、命令和功能，可以让我们在图像编辑和设计创作中发挥无限的想象力和创造力。

　　本书由浅入深地讲解了 Photoshop 中的各种工具、命令和功能的使用方法，为 Photoshop 初学者提供一个全面而简明的参考手册，帮助初学者理解 Photoshop 的功能和用法。

　　无论是摄影爱好者，还是相关行业的职场人员，本书都将成为其学习和掌握 Photoshop 软件全方位应用的重要工具。本书附赠大量的教学视频，并附赠书中内容所涉及的素材照片，为读者带来更好的学习体验。

　　我们希望本书能够帮助各位读者更加熟练地驾驭 Photoshop 中的各种工具、命令和功能，使作品呈现出最佳的表现力。祝愿各位读者在学习和使用 Photoshop 的过程中取得丰硕的成果，享受数码摄影后期的乐趣！

目录

第 1 章　基础操作与辅助工具

本章介绍 Adobe Photoshop（简称 PS）中的基础操作，以及辅助工具的使用方法。

1.1　移动工具

本节介绍移动工具。PS 左侧工具栏中的第一个工具就是移动工具，如图 1-1-1 所示。选中图层后，可以使用移动工具移动对应图层中的主体对象，移动工具的选项栏中有"自动选择"复选框，如果未勾选此复选框，当我们想要移动图中的红色方块时，必须先选中红色的图层，如图 1-1-2 所示。

如果勾选了"自动选择"复选框，当用鼠标选择图中的色块时，右边的"图层"面板就会自动跳转到这个色块对应的图层，如图 1-1-3 所示。

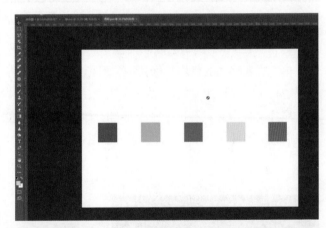

图 1-1-1

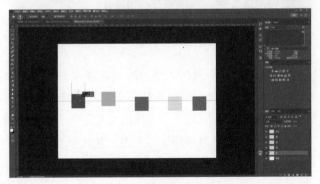

图 1-1-2

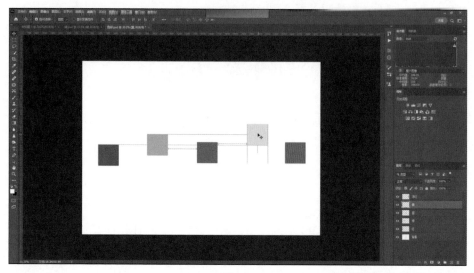

图 1-1-3

如果想在 PS 中把一个照片文件中的色块移动到另一个照片文件中去，那么需要单击想要移动的色块并保持按住鼠标左键不松，将其拖动到另一个照片文件的标题栏上，如图 1-1-4 所示，这时原来的照片文件中的色块就会自动跳转到另一个照片文件中并且会出现一个加号，如图 1-1-5 所示，松开鼠标左键，色块就被我们移动到另一个照片文件中了，如图 1-1-6 所示。

图 1-1-4　　　　　　　　　　图 1-1-5　　　　　　　　　图 1-1-6

如果想将一个照片文件中的色块移动到另一个照片文件中并保持它在原来照片文件中的位置，可以先选中照片文件中的想要移动的色块，比如黄色的方块，如图 1-1-7 所示。然后将其拖动到另一个照片文件中，这时先按住键盘上的"Shift"键，然后再松开鼠标左键，色块就会被移动到与原先照片文件中相同的位置，如图 1-1-8 所示。这时因为两个照片文件的大小是相同的，这样我们才能把色块拖动到相同的位置。如果两个照片文件的大小不同，那么移动红色的方块

到不同的照片文件中后按住 Shift 键，再松开鼠标左键，色块就会被移动到画面的
正中心。

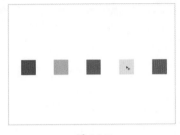

图 1-1-7

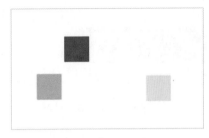

图 1-1-8

　　下面讲解移动工具中"组"和"图层"的区别，如图 1-1-9 所示。首先，在
"图层"面板中，选中红、绿、蓝这三个颜色图层，然后将它们拖动到下方的
"创建新组"图标上，将这三个图层编成一个组，如图 1-1-10 所示。在工具选项
栏中先选择"图层"，随便选中画面中的一个色块，无论这个色块在组内还是在组
外，都是可以移动的，但是想要同时移动组里面的三个色块，就必须在工具选项
栏中选择"组"，这时移动组中的任何一个色块，其他两个色块也会随着移动。

图 1-1-9

图 1-1-10

　　下面讲解工具栏中的"显示变换控件"选项，如图 1-1-11 所示。首先勾选
"显示变换控件"复选框，之后色块上面会出现几个小方块（控制点）。如果将
鼠标指针移动到小方块周围，就会出现一个双向箭头，如图 1-1-12 所示。拖动这
个双向箭头，就可以将色块进行等比例缩放。将鼠标指针移动到色块边缘的时候
会出现拐弯的箭头，如图 1-1-13 所示，通过这个箭头可以旋转色块。

图 1-1-11　　　　　　　　　　图 1-1-12　　　　　　　　　　图 1-1-13

下面将 5 个色块移动到不同的位置，如图 1-1-14 所示。如果要让色块排成一条直线，就可以单击工具栏中的"左对齐"按钮，如图 1-1-15 所示，这时所有色块就会以最左边红色的方块为基准向左靠拢对齐，如图 1-1-16 所示。

图 1-1-14　　　　　　　　　　图 1-1-15　　　　　　　　　　图 1-1-16

单击工具栏中的"水平居中对齐"按钮，这时所有色块以最左边的色块为基准居中对齐。单击工具栏中的"向右对齐"按钮，如图 1-1-17 所示，这时所有色块以最右边的色块为基准向右靠拢对齐。单击工具栏中的"垂直分布"按钮，所有色块就会在垂直方向平均分布，如图 1-1-18 所示。

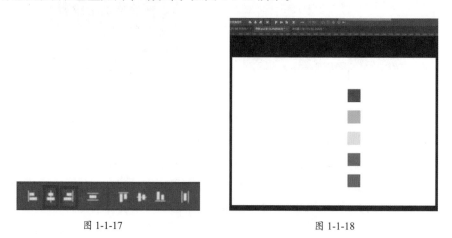

图 1-1-17　　　　　　　　　　　　　图 1-1-18

单击工具栏中的"顶对齐"按钮，所有色块就会以最上面的色块为基准进行对齐。单击工具栏中的"垂直居中对齐"按钮，所有色块就会以最左边和最右边色块之间的垂直距离为基础居中对齐。单击工具栏中的"底对齐"按钮，如图 1-1-19 所示，所有色块就会以最下面的色块为基准进行对齐。

最后单击"水平分布"按钮，如图 1-1-20 所示，色块就会在水平方向平均分布，如图 1-1-21 所示。

图 1-1-19   图 1-1-20   图 1-1-21

下面单击"对齐并分布"按钮，选择"按顶分布"选项，如图 1-1-22 所示，色块就会由左到右进行等距离的分布，即相邻两个色块之间的距离都是相同的，如图 1-1-23 所示。选择"垂直居中分布"选项，如图 1-1-24 所示，色块将依据最左边和最右边之间的垂直距离进行平均分布。注意：前一个色块不能低于后一个色块。

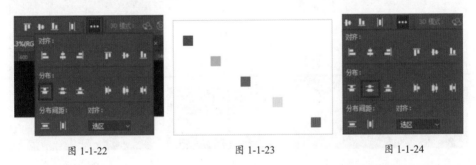

图 1-1-22   图 1-1-23   图 1-1-24

单击"按底分布"按钮，色块以底部为基准分布，并且每个色块之间的垂直距离相同。单击"按左分布"按钮，色块以最左边为基准分布，并且每个色块之间的水平距离相同。单击"水平居中分布"按钮，如图 1-1-25 所示，色块以最左边和最右边的色块为中心进行居中对齐。单击"按右分布"按钮，如图 1-1-26 所示，色块以最右边为基准分布，并且每个色块之间的水平距离相同。

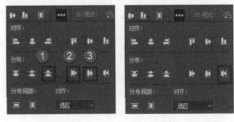

图 1-1-25   图 1-1-26

1.2 画笔工具

本节讲解画笔工具和铅笔工具的使用方法。

画笔工具

首先导入照片，如图 1-2-1 所示。然后选择画笔工具，如图 1-2-2 所示。画笔工具是最常用的工具。在工具栏中单击"画笔预设"按钮，如图 1-2-3 所示，在里面可以设置画笔的大小及硬度等参数。

图 1-2-1

图 1-2-2

图 1-2-3

单击"工具预设"下拉按钮，如图 1-2-4 所示，在这里可以新建一个预设，如图 1-2-5 所示，用来保存画笔的参数设置，方便我们下次快速使用画笔。但在平时修图中是很少使用工具预设的，基本上使用常规画笔对照片进行涂抹就可以了。工具栏中还有"画笔设置"选项，如图 1-2-6 所示，里面有很多关于画笔的设置，不过平时很少用到。

图 1-2-4

图 1-2-5

图 1-2-6

下面讲解工具栏中的模式。在修图过程中可以选择不同的模式，如图 1-2-7
所示。比如，选择"变暗"模式，用画笔工具对照片进行涂抹，就会发现照片有
一种变暗的效果，如图 1-2-8 所示。

图 1-2-7   图 1-2-8

　　接下来讲解"不透明度"和"流量"。将"不透明度"设为100%，将"流量"设为1%，如图1-2-9所示，将"背景"图层设为纯黑，如图1-2-10所示，然后用白色的画笔进行涂抹，可以看到每次涂抹时只有淡淡的一点，如图1-2-11所示，只有来回涂抹才能增强颜色。

图 1-2-9   图 1-2-10   图 1-2-11

　　将"流量"设为100%，将"不透明度"设为10%，再对照片进行涂抹，此时无论如何涂抹画笔颜色都不会增强，如图1-2-12所示，只有使用画笔进行单击，颜色才会附着上去，如图1-2-13所示。由此可以看出，当使用高流量、低不透明度时，需要多次单击才能让颜色附着上去，当使用高不透明度、低流量时，只需来回涂抹就可以将颜色附着上去了。

图 1-2-12   图 1-2-13

工具栏中还有一个"启用喷枪样式的建立效果"选项，如图 1-2-14 所示。选择它之后，只需按住鼠标左键不放，则不需要进行涂抹，颜色就会自动附着上去，如图 1-2-15 所示。

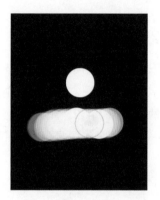

图 1-2-14   图 1-2-15

此时涂抹出来的边缘呈圆形，这是将"硬度"设为 100 的结果。如果将硬度设为 0，如图 1-2-16 所示，那么涂抹出来的边缘就会非常柔和，如图 1-2-17 所示。硬度值相当于羽化值，按住键盘上的"Alt"键在画面上垂直上下拖动鼠标可以调整硬度的大小，如图 1-2-18 所示，往下拖可以提高硬度，往上拖可以降低硬度。

图 1-2-16   图 1-2-17   图 1-2-18

最后讲解"平滑"选项。先将"平滑"设为0，如图1-2-19所示，观察照片的效果，如图1-2-20所示，再将"平滑"设为100，观察照片的效果，如图1-2-21所示，通过对比可以发现，高平滑值可以使涂抹的路径更加顺滑。

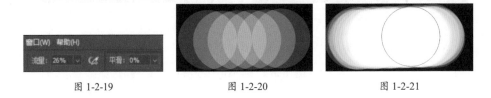

图 1-2-19　　　　　　　　　图 1-2-20　　　　　　　　　图 1-2-21

铅笔工具

下面简单介绍铅笔工具。选择铅笔工具，如图1-2-22所示。铅笔工具和它的名字一样，使用它在照片上画出来的效果和使用铅笔在纸上画出来的效果是一样的，如图1-2-23所示。其工具栏中的选项和画笔工具的工具栏中的选项基本一样，平时作图是根本用不到的，这里只简单了解就可以。

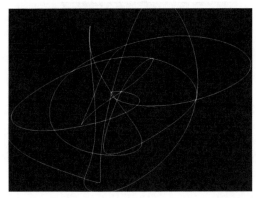

图 1-2-22　　　　　　　　　　　　图 1-2-23

最后介绍如何导入其他的画笔。选择"窗口"菜单，然后选择"画笔设置"命令，如图1-2-24所示。选择"画笔"选项卡，然后在画笔设置菜单中选择"导入画笔"命令，如图1-2-25所示，即可从文件夹中选择想要导入的画笔，最后单击"载入"按钮，如图1-2-26所示，就可以将画笔导入了。

图 1-2-24

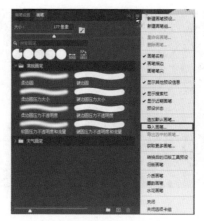

图 1-2-25

图 1-2-26

1.3 标尺工具

本节讲解标尺工具的使用方法。先将照片导入 PS，如图 1-3-1 所示。选择标尺工具，如图 1-3-2 所示，在 PS 操作界面上侧和左侧各有一排标尺，如图 1-3-3 所示。

图 1-3-1

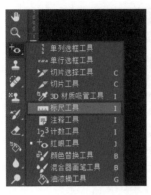

图 1-3-2

图 1-3-3

选择"视图"—"标尺"命令，如图 1-3-4 所示，同样可以显示标尺。那么，标尺有什么作用呢？显示标尺后，工具栏中有如图 1-3-5 所示的参数，X 和 Y 代表它的坐标，W 和 H 代表它的宽和高。这里导入的照片的地平线是倾斜的，利用标尺从照片左侧顺着草地倾斜的方向拉一条参考线，就可以在工具栏中看到相关参数值，如图 1-3-6 所示。

图 1-3-4

图 1-3-5

图 1-3-6

　　"L1"指的是倾斜的角度,"L2"指的是两条参考线之间的夹角。单击工具栏中的"拉直图层"选项,就可以将画面中倾斜的地方校正过来,如图 1-3-7 所示。标尺工具的主要作用就是对画面中倾斜的部分进行校正。

图 1-3-7

　　在调整画面时,可以拉出参考线来作为参照。例如,若只想调整画面中的某一块,可以拉出一条参考线,然后使用选框工具单独选择这一块。当将选框拖动到边缘时，它会自动吸附到参考线上，如图 1-3-8 所示。通过单击参考线，选框就会被锁定在这个位置。这个吸附效果有点像磁力，对后期调整来说非常方便。

那么，何时需要创建选区呢？例如，想要从人物的中心或者其他位置开始创建一个新的选区，可以先拉出一条新的参考线，然后以这条参考线为基础开始创建选区。

右键单击标尺，可以更改其单位，包括像素、英寸、厘米、毫米等单位，如图 1-3-9 所示。如果将单位改为厘米，就可以直观地得到该照片的尺寸。

图 1-3-8

图 1-3-9

在工具选项栏中，选择"拉直"模式，其作用与标尺工具类似，如图 1-3-10 所示。按住鼠标左键从照片左侧到右侧拉一条线，就可以自动校正画面，并将多余的部分裁掉，如图 1-3-11 所示。对于空白部分，可以通过内容识别进行填充。

图 1-3-10

图 1-3-11

PS 新版本有内容识别功能，利用它可以智能地在照片空白位置填充像素。PS 老版本没有这个功能，因此合并后的空白区域会变成纯色背景。为了解决这个问题，可以使用仿制图章工具，但这样比较耗时。然而，有了内容识别功能之后，在裁剪完照片后，直接进行填充就非常快速方便。

1.4　历史记录画笔

　　本节讲解 PS 中的历史记录画笔工具。在画面上进行绘画等操作时，每一笔都会被记录下来，即历史记录。单击相应的历史记录步骤，就可以回到相应的位置。比如，这一步绘画错了，通过单击上一步正确操作的历史记录就可以轻松地回退到之前的状态，如图 1-4-1 所示，这是一个可撤销的操作。

图 1-4-1

　　历史记录画笔工具位于仿制图章工具的下面，如图 1-4-2 所示。这个工具的用途是什么呢？对一张照片进行污点修复，然后进行提亮，如图 1-4-3 所示，最后进行图层合并。合并之后突然发现之前的步骤出了问题，此时希望照片回到之前的状态，这时就可以使用历史记录画笔工具。

图 1-4-2

图 1-4-3

在"历史记录"面板中，选择使用污点修复画笔工具的操作状态，可以看到该操作状态前面有一个小方框，单击小方框之后，源历史记录状态旁会出现历史记录画笔图标，如图 1-4-4 所示。然后可以对照片重新涂抹，将原来的颜色重新还原出来，如图 1-4-5 所示。但其他地方不会受到影响。这就是历史记录画笔工具的功能。

图 1-4-4

图 1-4-5

历史记录画笔工具与历史记录有着不同的功能。历史记录用于恢复整个操作的状态，而历史记录画笔可以针对单独的操作进行恢复。例如，如果想恢复照片中的鹿角，可以单击原始图层前的小方框。接着在鹿角的位置进行涂抹，即可将鹿角重新恢复出来，如图 1-4-6 所示，但之前进行的亮度调整操作仍然保留。

图 1-4-6

在工具选项栏中，还可以调整画笔的大小和硬度，如图 1-4-7 所示。画笔的大小决定了绘制的线条或涂抹区域的大小，而硬度则表示笔刷边缘的软硬程度。较低的硬度值会使笔刷边缘更加柔和，而较高的硬度值则会使笔刷边缘更加生硬。

在工具选项栏中还有"不透明度"和"流量"两个选项，如图 1-4-8 所示。"不透明度"用于控制画笔的透明度。较低的不透明度值意味着画笔的颜色应用在照片上时会更加透明，而较高的不透明度值则表示画笔颜色应用更为不透明。"流量"用于控制画笔的涂抹程度或颜色的叠加程度。较低的流量值意味着画笔的痕迹不够连续和流畅，而较高的流量值则会让画笔痕迹更浓重，并且更连续和流畅。

图 1-4-7

图 1-4-8

1.5　蒙版

本节讲解 PS 中的蒙版。首先介绍图层蒙版的作用。利用蒙版可以选择保留或隐藏特定区域。例如，将一张猕猴桃的照片移动到橙子的照片中，如图 1-5-1 所示。然后单击"创建蒙版"按钮，如图 1-5-2 所示。此时画面并没有变化，这是因为现在的蒙版是白色的，白色代表显示所有图层。如果蒙版颜色是黑色，就是隐藏当前所有图层。

图 1-5-1

图 1-5-2

选择黑色作为前景色，并使用画笔工具对白色区域进行涂抹，白色区域就会被隐藏起来，如图 1-5-3 所示。这就是图层蒙版的作用。接着将画笔的"硬度"值调低一些，使其边缘变得柔和，继续涂抹白色区域，就会将白色区域完全隐藏，如图 1-5-4 所示。

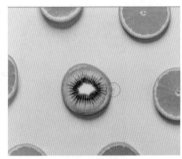

图 1-5-3   图 1-5-4

如果照片中有选区，再给它添加蒙版会发生什么变化呢？首先选择套索工具，将猕猴桃的图层隐藏，然后针对橙子的边缘绘制选区，如图 1-5-5 所示。接下来再将隐藏的图层显示出来，然后单击"创建蒙版"按钮，就会发现 PS 根据刚刚绘制的选区为猕猴桃生成了一个蒙版，如图 1-5-6 所示。

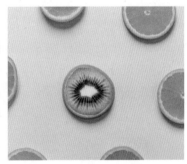

图 1-5-5   图 1-5-6

按住键盘上的"Alt"键并单击"图层"面板中的蒙版，就可以查看蒙版，如图 1-5-7 所示。但是，此时选区的边缘过于生硬。双击蒙版，适当提高羽化值，如图 1-5-8 所示。这样原本较为生硬的选区边缘就被处理得非常柔和了。

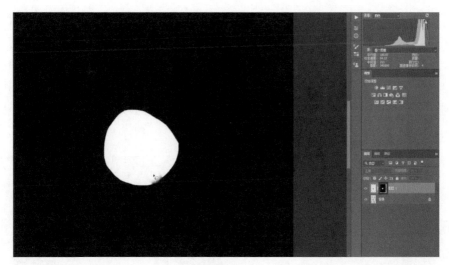

图 1-5-7

图 1-5-8

　　与蒙版相关的参数还有"密度"选项，用于控制黑色蒙版的纯度。当将"密度"设置为 100% 时，蒙版是黑色的，而将"密度"设置为 50%，则表示蒙版会变成灰色，如图 1-5-9 所示。灰色不足以完全遮挡画面，处于一种半透明状态。如果将蒙版的"密度"进一步降低，会直接变成空白的蒙版。因此，通常情况下，需要将蒙版的"密度"调整为 100%。

对于羽化值的设置，需要根据图层边缘的软硬程度进行调节。如果希望边缘更加柔和，可以提高羽化值，这样边缘就会显得更加自然。

接下来介绍反相操作。什么是反相？反相指的是对选区进行反转。如果最初绘制的选区是要保留的部分，现在希望移除这部分内容，就可以单击"反相"按钮。单击之后会发现照片中的猕猴桃变成了橙子，如图1-5-10所示，这就是反相操作的效果。

图 1-5-9 图 1-5-10

在正常情况下，我们会在创建选区后保留被框选的部分，即将周围的部分隐藏起来。如果执行反相操作，则被选中的区域会被遮挡，而其他区域则会被保留。在操作时需要注意，只有先选中蒙版才能进行相应的操作。

下面讲解如何停用蒙版从而观察选区。首先，添加一个蒙版，如图1-5-11所示。如果想要观察原来的猕猴桃图层，但又不能对蒙版进行删除，可以按住键盘的"Shift"键并单击蒙版。这时，蒙版上出现一个红色叉号标志，表示临时停用该蒙版，此时原始的猕猴桃图层将显示出来，如图1-5-12所示。

然后按键盘上的"Shift"键并单击蒙版上的叉号标志，就可以回到之前的蒙版状态。除此之外，也可以在蒙版上单击鼠标右键，选择"停用图层蒙版"命令，将蒙版停用，如图1-5-13所示。当将图层画好之后不再需要蒙版怎么办呢？此时直接选择"应用图层蒙版"命令即可。

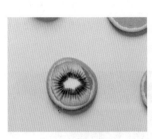

图 1-5-11　　　　　　　　　　　　　　　　图 1-5-12

如果选择"添加蒙版到选区"命令，选区的边界就会重新出现，如图 1-5-14 所示。这时可以对画面进行调整或涂抹。选择"蒙版与选区相叉"命令，则会在该选区范围内再次进行选区操作。

图 1-5-13　　　　　　　　　　　　　　　　图 1-5-14

蒙版的好处就是不会破坏原先的照片，无论进行什么操作，原有的照片不会受影响。因此，大家在修图时尽可能在带有蒙版的情况下对画面进行操作，这样就可以再对照片进行调整，或者删掉这个蒙版，重新添加新的蒙版。

1.6　渐变工具

本节讲解渐变工具。渐变工具可以用来实现颜色的渐变效果。利用渐变工具可以实现从一种颜色到另一种颜色的过渡。在使用渐变工具时，按住鼠标左键不放，拉出一条直线。这条直线结束的位置就是渐变结束的位置，如图 1-6-1 所示。

为了使效果更加明显，将"不透明度"调为100%。然后将"前景色"设为黑色，将"背景色"设为白色。然后在"渐变编辑器"对话框中，选择"基础"选项，然后选择从前景色到背景色的渐变，单击"确定"按钮，如图1-6-2所示。接着选择线性渐变，拉出一条垂直的线，如图1-6-3所示。

图 1-6-1

图 1-6-2

松开鼠标按钮之后，在照片中会产生渐变，如图1-6-4所示。渐变是从黑色逐渐过渡到灰色，再从灰色过渡到白色的。这就是"基础"样式中从前景色到背景色的渐变效果。但这个渐变只能进行一次。如果再拉一条直线，那么它会直接覆盖之前的操作。

图 1-6-3

图 1-6-4

"基础"样式中的第一种渐变是从前景色到透明渐变，如图 1-6-5 所示。当前的"前景色"是黑色，这意味它是从黑色到透明的过渡。先创建一个透明图层，以便于更直观地观察。然后将不透明度调低一些。首先，从上方向下方拉出一条直线，可以看到透明度很低。然后继续拉取竖线，如图 1-6-6 所示，渐变会逐步叠加。

图 1-6-5

图 1-6-6

第二种渐变是径向渐变。首先，创建一个透明图层，然后选择"径向渐变"。在某个位置单击确定起始点，并按住鼠标左键不放，这时会出现一条直线，如图 1-6-7 所示。径向渐变是以起始点为中心，向周围生成的圆形渐变，如图 1-6-8 所示。不论从哪个位置开始，径向渐变都是圆形的。

图 1-6-7

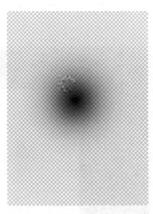

图 1-6-8

第三种渐变是角度渐变。角度渐变是一种特殊的渐变效果，从中心向外拉出一条直线，会形成透明夹角型图案渐变，如图1-6-9所示。尽管在实际应用中很少使用这种渐变，但还是有必要了解一下。

第四种渐变是对称渐变。对称渐变是从取样点开始的，以中心为基准，向两边扩散形成一条直线，如图1-6-10所示。对称渐变根据拉取线的长度来确定扩散范围。线条越长，扩散的范围就越大。

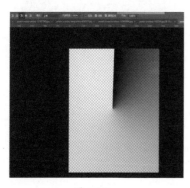

图 1-6-9

图 1-6-10

第五种渐变是菱形渐变，即渐变呈菱形状态，如图1-6-11所示。

在工具选项栏中还有一些选项，下面简单介绍一下。

"反向"复选框：如果没有勾选"反向"复选框，渐变将从中心向外生成一个黑色的渐变，如图1-6-12所示。如果勾选了"反向"复选框，则生成的渐变相反。比如，如果从下往上拖动鼠标，在勾选了"反向"复选框后，就会从上往下出现渐变。

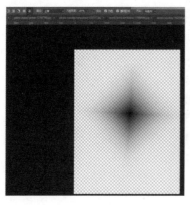

图 1-6-11

图 1-6-12

"仿色"复选项：如果取消勾选"仿色"复选框，在拉取渐变时，会生成相应大小的文件，如果过度拉取，文件就会非常大。如果勾选了"仿色"复选框，生成的文件将占用较少的内存。但是，从效果上来说，勾选或取消"仿色"复选框并没有太大的差别。

"透明区域"复选框：如果取消勾选这个复选框，无论如何拉取渐变，得到的始终是纯色的界面，不会发生任何变化。因此，通常建议勾选此复选框。

"方法"下拉列表：包括可感知、线性或古典 3 个选项，如图 1-6-13 所示。将图像分为三等份，分别选择"可感知""古典"和"线性"方法，然后拉取线性渐变，如图 1-6-14 所示，可以看出"线性"方法的渐变最强，"古典"次之，"可感知"最弱。

图 1-6-13　　　　　　　　　　　　　　　图 1-6-14

通常情况下，可以选择"可感知"模式来进行操作，因为这样更容易进行多次操作，并不会产生过于强烈的效果。即使每次操作后效果不太明显，但会逐渐达到我们想要的效果。

第2章 选择类工具

本章讲解 PS 中选择类工具的使用方法。

2.1 选框工具

本节讲解 PS 中选框工具的使用方法。

矩形选框工具

首先讲解选框工具组中的矩形选框工具。将照片导入 PS，如图 2-1-1 所示，然后单击矩形选框工具，如图 2-1-2 所示，按住鼠标左键不放拖动鼠标就可以用蚂蚁线框选照片，如图 2-1-3 所示。照片中被框选的部分叫作选区。

图 2-1-1

图 2-1-2

图 2-1-3

下面讲解选框工具的工具栏中的工具。第一个工具是"新选区",如图 2-1-4 所示,它的作用是替换之前存在的选区并创建一个新的选区。第二个工具是"添加到选区",如图 2-1-5 所示,在建立选区后,如果觉得选区不够,可以单击"添加到选区"工具来增加选区。第三个工具是"从选区中减去",如图 2-1-6 所示,如果觉得框选的选区选多了,可以单击"从选区中减去"工具将多余的选区减去。第四个工具是"与选区交叉",如图 2-1-7 所示,利用这个工具可以在已经框选好的选区中再新建一个选区,这样既不用减去选区,也不用添加选区。

图 2-1-4   图 2-1-5   图 2-1-6   图 2-1-7

下面讲解羽化。首先绘制一个选区,然后给它填充黑色,如图 2-1-8 所示,该选区的边缘是比较生硬的。将"羽化"值调为 20 像素,如图 2-1-9 所示,再绘制一个选区观察调整羽化值后的效果,可以看到它的边缘产生了一个模糊的效果并且看起来比较柔和,如图 2-1-10 所示。羽化对选区的调整有很大的作用,比如新建一个选区,直接调整选区的话它的边缘会变得非常生硬,调整羽化值后再调整选区它的边缘就会变得比较柔和。

图 2-1-8   图 2-1-9   图 2-1-10

接下来讲解样式。在 PS 中可以选择 3 种样式，如图 2-1-11 所示。选择"正常"样式，可以随意框选选区。选择"固定比例"样式，并且将比例设为 1：1，如图 2-1-12 所示，就不能随便框选选区了，只能框选出比例为 1：1 的选区，如图 2-1-13 所示。

图 2-1-11　　　　　　　　　图 2-1-12　　　　　　　　　图 2-1-13

接下来选择"固定大小"样式，设置宽度和高度，比如将"宽度"设为 100 像素，将"高度"设为 300 像素，如图 2-1-14 所示。之后在照片上框选选区，此时只能框选出宽度和高度分别是 100 和 300 像素的选区，如图 2-1-15 所示。平时人们大多选择"正常"样式，因为它相对比较自由，想要框选多大的选区都由自己控制。

图 2-1-14　　　　　　　　　　　　　图 2-1-15

椭圆选框工具

下面讲解选框工具组中的椭圆选框工具，如图 2-1-16 所示。使用椭圆选框工具画椭的选区是一个椭圆形选区，如图 2-1-17 所示。实际上，使用椭圆选框工具既可以画出圆形，也可以画出正圆形。

下面讲解椭圆形选框工具与矩形选

图 2-1-16

框工具的工具栏中不同的地方。矩形选框工具工具栏中的"消除锯齿"是灰色的，如图 2-1-18 所示，表示它是无法使用的，椭圆选框工具工具栏中的"消除锯齿"是可以使用的。那么，"消除锯齿"有什么作用呢？先来画一个圆形选区，然后选择"编辑"—"填充"命令，如图 2-1-19 所示，给圆形选区填充黑色，如图 2-1-20 所示。

图 2-1-17

图 2-1-18

图 2-1-19

图 2-1-20

放大选区观察其边缘，如图 2-1-21 所示，可以发现其边缘是比较平滑的。如果取消勾选"消除锯齿"复选框，再绘制一个圆形选区并填充黑色，放大选区的边缘进行查看，如图 2-1-22 所示，会发现边缘的锯齿非常严重。所以"消除锯齿"的作用就是消除圆形选区边缘的锯齿。因为矩形选区四周都是直角，不会产生锯齿，所以矩形选框工具中的"消除锯齿"是无法使用的。

图 2-1-21   图 2-1-22

如果想要绘制一个正圆形选区，可以按住键盘上的"Shift"键，如图 2-1-23 所示。如果想要从中心点开始向外画一个圆形选区，可以按住键盘上的"Alt"键，如图 2-1-24 所示。如果想要从中心点开始向外画一个正圆形选区，只需按住"Shift"键和"Alt"键就可以了，如图 2-1-25 所示。

图 2-1-23   图 2-1-24   图 2-1-25

2.2   套索工具

本节讲解套索工具的使用方法。

套索工具

套索工具其实也是用来框选选区的。先将照片导入 PS，如图 2-2-1 所示，然后单击套索工具，如图 2-2-2 所示。套索工具的工具栏和选框工具的工具栏基本上一致，如图 2-2-3 所示。

图 2-2-2

图 2-2-1   图 2-2-3

套索工具是一个相对自由的工具，选择该工具后，按住鼠标左键不放就可以在照片上框选选区，并且想画什么样的选区都可以，松开鼠标之后就会自动生成一个选区，如图 2-2-4 所示。然后可以使用其他工具对选区进行调整，并且所有的调整只会作用在选区内，如图 2-2-5 所示。

图 2-2-4   图 2-2-5

多边形套索工具

下面讲解多边形套索工具。首先选择多边形套索工具，如图 2-2-6 所示，之后在照片上单击，然后往外移动鼠标就会拉出一根笔直的线，如图 2-2-7 所示。

再次单击，这根线就会被固定住。之后不断地单击，直到靠近第一次单击的点时，鼠标指针右下角会出现一个圆圈，如图 2-2-8 所示，这时再单击，将所选区域闭合形成选区。

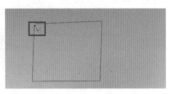

图 2-2-6   图 2-2-7   图 2-2-8

多边形套索工具对处理照片中比较直的角或没有弧度的建筑是非常好用的。沿着建筑的边缘单击，如图 2-2-9 所示，就可以非常方便地将建筑物选取出来，相比前面所讲的套索工具，这个工具更加好用，因为套索工具画不出这么直的线。多边形套索工具和套索工具的区别就在于多边形套索工具可以超出照片的范围，用户可以画到照片外面再通过单击起始点将选区闭合，如图 2-2-10 所示，这个工具能够自动识别照片的边缘将选区框选出来。

图 2-2-9   图 2-2-10

磁性套索工具

最后讲解磁性套索工具。将照片导入 PS，如图 2-2-11 所示，然后选择磁性套索工具，如图 2-2-12 所示。要想将图中的滑板选中，无论是使用套索工具还是使用多边形套索工具都不好处理。因为这个滑板有弧度，所以需要使用磁性套索工具。

图 2-2-11

图 2-2-12

　　首先，选中滑板上的一个点，然后顺着滑板边缘框选滑板。此时线条会自动吸附在滑板上，如图 2-2-13 所示，但是它框选出的选区并不是完美的，如图 2-2-14 所示。

图 2-2-13

图 2-2-14

　　这时可以修改它的频率。频率的作用是设置添加到路径中的锚点的密度。比如，将频率调低——调成 8，如图 2-2-15 所示，则图中锚点之间的间隔特别大，如图 2-2-16 所示。将频率调高，比如调到 60，则图中的锚点比刚才要密集，如图 2-2-17 所示。简单来讲，如果将频率调高的话，选区周围的锚点会更加密集。

图 2-2-15 图 2-2-16 图 2-2-17

"宽度"的作用是设置与边的距离以区分路径。将"宽度"设置为 1 像素，如图 2-2-18 所示。将"宽度"设置得越低，则选区线与滑板之间的距离越窄，如图 2-2-19 所示。如果在创建选区的时候出错了，如图 2-2-20 所示，可以按住键盘上的"Delete"键删除错误的选区，然后重新选择选区。

图 2-2-18 图 2-2-19 图 2-2-20

"对比度"的作用是设置边缘对比度以区分路径。先将"对比度"设为 10%，如图 2-2-21 所示，可以发现很容易将选区选错，如图 2-2-22 所示。如果将"对比度"提高，就会很容易将滑板选择出来。在使用套索工具时，如果想要移动画面，可以按住空格键，就会切换成抓手工具，如图 2-2-23 所示，可以利用它来移动照片。

图 2-2-21 图 2-2-22 图 2-2-23

当想选中的物体边缘比较明显时，使用磁性套索工具是非常不错的选择。

2.3　选择工具

本节讲解 PS 中选择工具的使用方法。

对象选择工具

首先讲解对象选择工具。首先将照片导入 PS，如图 2-3-1 所示，然后选择对象选择工具，如图 2-3-2 所示。对象选择工具是一个可以查找并自动选择对象的工具，下面使用它快速地将图中的睡莲选择出来。首先查看它的工具栏，其中有一个"对象查找程序"选项，如图 2-3-3 所示。

图 2-3-1

图 2-3-2

图 2-3-3

勾选"对象查找程序"复选框之后，然后将鼠标指针移动到睡莲上面，它可以自动识别睡莲，如图 2-3-4 所示。单击"刷新"按钮，如图 2-3-5 所示，可以重新识别对象。工具栏中还有一个"显示所有对象"按钮，如图 2-3-6 所示，单击它之后图中被选中的对象就会被显示出来。

图 2-3-4

图 2-3-5

图 2-3-6

识别完之后，单击睡莲，就会自动生成一个选区，如图 2-3-7 所示。如果想识别的物体边缘特别清晰，并且它的周围不是非常杂乱，可以使用对象选择工具。使用这个工具还有一个好处，即可以自由地框选选区，如图 2-3-8 所示，同样可以将建筑自动识别出来，并且通过单击可以单独选中右边的建筑，如图 2-3-9所示。

图 2-3-7

图 2-3-8

图 2-3-9

在工具选项栏中还可以选择不同的模式，比如"矩形"模式或者"套索"模式，如图 2-3-10 所示。选择"矩形"模式，通过绘制矩形或正方形来选择对象，如图 2-3-11 所示；选择"套索"模式，则通过手绘路径的方式来选择对象。

图 2-3-10

图 2-3-11

下面讲解工具选项栏中的"对所有图层取样"功能。首先导入照片，如图 2-3-12 所示，然后将照片中的西瓜分成 3 份，每份分别放到不同的图层，如图 2-3-13 所示，先取消勾选"对所有图层取样"复选框，如图 2-3-14 所示。

图 2-3-12 图 2-3-13 图 2-3-14

选择西瓜上半部分图层，如图 2-3-15 所示。然后使用对象选择工具框选西瓜，则图中的西瓜只有上半部分被选中了，如图 2-3-16 所示。这说明对象选择工具只对西瓜上半部分的图层起作用。如果想要选中整个西瓜，可以勾选"对所有图层取样"复选框，这时再框选西瓜，就会发现整个西瓜都被选中了，如图 2-3-17 所示。所以无论有多少个图层，对象选择工具都可以正常地识别照片中的主体。

图 2-3-15 图 2-3-16 图 2-3-17

接下来讲解工具选项栏中的"硬化边缘"功能。"硬化边缘"可以强制硬化选区的边缘。先取消勾选"硬化边缘"复选框，如图 2-3-18 所示。然后利用对象选择工具选择图中的滑板，如图 2-3-19 所示。接着将滑板抠取出来并放大滑板的边缘，如图 2-3-20 所示，可以发现滑板边缘看起来有一种类似羽化的效果。

图 2-3-18　　　　　　　　　　图 2-3-19　　　　　　　　　　图 2-3-20

　　勾选"硬化边缘"复选框，如图 2-3-21 所示，然后使用对象选择工具选择滑板，将滑板抠取出来放大，观察它的边缘，如图 2-3-22 所示，可以发现滑板的边缘显得比较生硬，这就是"硬化边缘"的效果。

图 2-3-21　　　　　　　　　　　　　　图 2-3-22

快速选择工具

　　接下来讲解快速选择工具。单击快速选择工具，如图 2-3-23 所示。在工具选项栏中单击画笔的选项，如图 2-3-24 所示，在弹出的面板中设置画笔的大小、硬度、间距等参数。除此之外，还可以按住键盘上的"Alt"键，然后按住鼠标右键通过左右移动来改变画笔的大小，如图 2-3-25 所示，向左移画笔就会使其变小，向右移画笔就会使其变大。

　　调整好画笔大小之后，对图中的滑板进行涂抹，涂抹之后就可以看到滑板被选择出来了，如图 2-3-26 所示。但滑板边缘有一些地方选择得不太准确，可以单击"从选区减去"减去多出来的选区，如图 2-3-27 所示，也可以单击"添加到选区"增加选区，如图 2-3-28 所示。

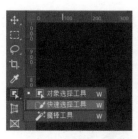

图 2-3-23　　　　　　　　　　　图 2-3-24　　　　　　　　　　图 2-3-25

图 2-3-26　　　　　　　　　　图 2-3-27　　　　　　　　　图 2-3-28

在快速选择工具的工具栏中还可以设置画笔的角度，如图 2-3-29 所示。后面还有"增强边缘"复选框，它可以自动增加选区的边缘。有时需要选择的选区边缘不是特别明显，在选择的过程中很容易出界，此时就可以勾选"增强边缘"复选框，如图 2-3-30 所示，快速选择工具对边缘的识别就会加强，从而更精确地识别出选区的边缘。

图 2-3-29　　　　　　　　　　图 2-3-30

魔棒工具

最后讲解魔棒工具。先将照片导入 PS，如图 2-3-31 所示。接着选择魔棒工具，如图 2-3-32 所示。单击一下西瓜，可以看到不能选中整个西瓜，如图 2-3-33 所示。这个工具只能选择照片中颜色或亮度相似的区域，所以魔棒工具对处理局部区域是非常好用的。

图 2-3-31   图 2-3-32   图 2-3-33

接下来讲解"取样大小"。单击"取样大小"下拉列表右侧的下拉按钮，如图 2-3-34 所示，就能够在弹出的下拉列表中选择不同的大小进行取样。选择"3×3 平均"选项，然后单击一下照片，可以看到取样的范围变小了，同时选区也变得更加精确了，如图 2-3-35 所示。再选择"101×101 平均"选项看一下效果，单击一下照片，则整张照片都被选中了，如图 2-3-36 所示。一般情况下，建议选择较小的取样点，然后逐步添加选区。

 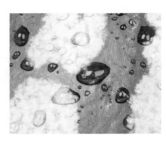 

图 2-3-34   图 2-3-35   图 2-3-36

工具栏中"容差"的作用是设置颜色取样时的范围。先将"容差"设为 32，如图 2-3-37 所示，可以看到选区只选择了白色的区域，并没有选择深绿色的区域，如图 2-3-38 所示。将"容差"改为 64，则可以看到选中的区域变大了，如图 2-3-39 所示。"容差"值越大，可以选中的颜色就越多，区域也会越大。

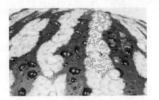

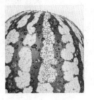

图 2-3-37　　　　　　　　　图 2-3-38　　　　　　　　　图 2-3-39

　　"连续"的作用是控制选择相邻像素的方式。先不勾选"连续"复选框，如图 2-3-40 所示，可以发现整个照片中与单击位置相似的像素都被选中了，而不仅仅是相邻的区域，如图 2-3-41 所示。然后勾选"连续"复选框，可以发现照片中只有与单击位置相连的区域内的像素才会被选择，如图 2-3-42 所示。

图 2-3-40　　　　　　　　　图 2-3-41　　　　　　　　　图 2-3-42

2.4　色彩范围工具

　　本节讲解色彩范围工具。

　　打开 PS，将照片载入 PS，然后选择"选择"—"色彩范围"命令，如图 2-4-1 所示，弹出"色彩范围"对话框。首先打开"选择"下拉列表，如图 2-4-2 所示。通过选择不同的颜色，可以选择图中对应的颜色，如红色、黄色、绿色等。此外，还可以选择图中的高光、中间调等区域，甚至在选择人物肤色时，也有相应选项可供选择。

图 2-4-1   图 2-4-2

　　如果选择了"取样颜色"选项，则当将鼠标指针放在照片上时，会出现一个吸管工具，可以选择图中的颜色进行取样。在照片上单击，即可在选定范围内看到取样颜色的区域，如图 2-4-3 所示。当从不同的地方吸取颜色时，就会出现不同的选区。

图 2-4-3

　　那么，该如何选择整个天空的蓝色呢？在取样工具旁边，有一个添加到取样工具，单击该工具，鼠标指针会变成一个带有加号的吸管，如图 2-4-4 所示。接着可以在画面上不断单击天空来扩大颜色取样的范围，如图 2-4-5 所示。

图 2-4-4   图 2-4-5

如果无法选择一些细微的地方，该怎么办呢？这时，可以增加颜色容差。增加颜色容差相当于扩大了取样颜色的范围。比如将"颜色容差"值调整到 40 左右，如图 2-4-6 所示。用户不仅可以在照片上单击，还可以在选择范围的黑白图层上单击。当单击到某个位置时，对应的地方就会变为白色，这说明已经成功提取到了它的颜色。

"范围"选项是无法使用的，因为它需要与"本地化颜色簇"一起配合使用。当勾选"本地化颜色簇"复选框后，可以在"选择范围"中看到多出来灰色，如图 2-4-7 所示。这是因为"本地化颜色簇"的色彩范围更大，所以需要增加颜色容差。

图 2-4-6   图 2-4-7

"选择范围"选项用于生成黑白照片，而"图像"选项用于显示全部照片。然而，选择"图像"单选按钮后，无法确定它的色彩选取范围，如图 2-4-8 所示。因此，通常情况下建议选择"选择范围"单选按钮，以便清楚地知道实际所选择的颜色范围。在"选区预览"下拉列表中，可以选择"灰度"或者"黑色杂边"等选项，如图 2-4-9 所示。

图 2-4-8

图 2-4-9

"反相"选项的作用是反转当前所选择的颜色范围。如果本来选择的是天空，在勾选"反相"复选框后，则用户选择的将会变为除天空以外的花朵部分，如图 2-4-10 所示。

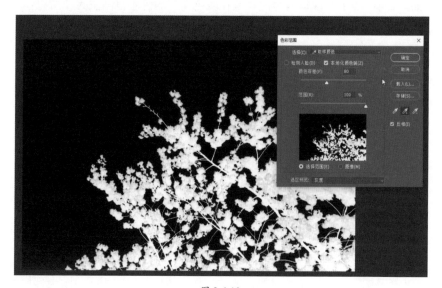

图 2-4-10

第 3 章　修复类工具

本章讲解 PS 中修复类工具的使用方法。

3.1　污点修补工具

本节讲解 PS 中污点修补工具的使用方法。

污点修复画笔工具

首先讲解污点修复画笔工具。首先导入一张人像照片，然后选择污点修复画笔工具，如图 3-1-1 所示。使用污点修复画笔工具可以移除照片上的标记和污点。通过使用该工具可以轻松地移除人物肖像上的痘痘或其他瑕疵。

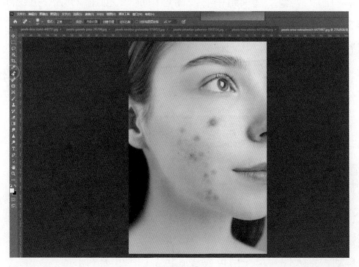

图 3-1-1

在使用污点修复画笔工具时，在画面上单击鼠标右键可以更改画笔的大小。另外，也可以按住"Alt"键并左右拖动鼠标来调整画笔的大小，然后针对人物脸上的痘痘等问题直接单击就可以进行修复，如图 3-1-2 所示。当画面上有灰尘或天空上出现了一些污点时，就可以使用污点修复画笔工具来修复这些问题。

在工具栏中，用户可以选择画笔的大小、硬度和间距，如图 3-1-3 所示。这里的间距指的是什么呢？如果间距较大，移动画笔时，画出来的点会变得非常稀疏不连贯。如果将间距缩小，再移动画笔，就会发现画出来的点非常连贯，如图 3-1-4 所示。

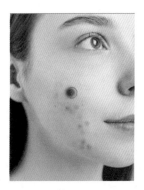

图 3-1-2　　　　　　　　图 3-1-3　　　　　　　　图 3-1-4

在工具栏的"类型"选项组中有"内容识别""创建纹理""近视匹配"等选项，如图 3-1-5 所示。"内容识别"可以根据整张照片进行填充识别，即自动根据照片内容进行修复填充；"创建纹理"则是在修复时选择纹理样本进行填充叠加，以达到更好的修复效果；而"近视匹配"则是根据画笔周围相近的像素进行填充叠加，实现局部修复。

图 3-1-5

此外，还有一个"对所有图层取样"复选框。当文件有多个图层时，比如一个图层只包含眼睛，另一个图层只包含鼻子，还有一个照片只包含嘴巴。如果选中嘴巴所在的图层并不勾选"对所有图层取样"复选框，这时对照片整体进行修复时，将自动识别人像并填充白色或浅底色，如图 3-1-6 所示。

如果勾选了"对所有图层取样"复选框，那么它将针对整张照片进行识别和修复，而不仅仅是当前选择的图层。后面还有"角度"选项，如图 3-1-7 所示，但它只在使用数位板时用于控制画笔的压力，而使用鼠标则无法使用此选项。

"扩散"选项用于控制修复边缘的过渡效果。当"扩散"数值较大时，边缘过渡会更加自然，如图 3-1-8 所示。

图 3-1-6

图 3-1-7

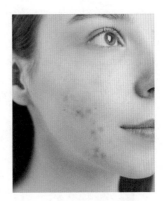
图 3-1-8

修复画笔工具

下面讲解修复画笔工具。这个工具有什么用呢？单击该工具，可以看到它的工具栏与污点修复画笔工具的工具栏不同，如图 3-1-9 所示。实际上，它有点像仿制图章工具。工具选项栏中的第一个选项也可以调节画笔的大小、硬度及间距等参数。

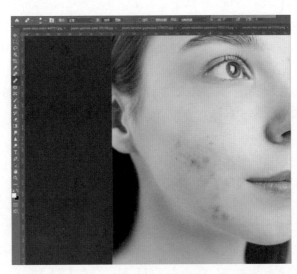
图 3-1-9

在"源"选项组中选择"取样"选项，就可以进行取样操作。按住"Alt"键，在画布上出现一个十字标记，如图 3-1-10 所示，单击需要参考的区域，然后将十字标记移动到有瑕疵的地方。对有瑕疵的区域进行涂抹，如图 3-1-11 所示。它与仿制图章工具有些相似，但也有一些不同之处。它是针对所取样的区域进行识别和填充的，而不是直接复制其他区域。

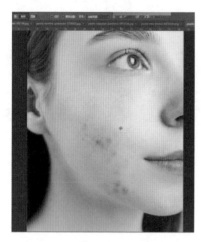

图 3-1-10

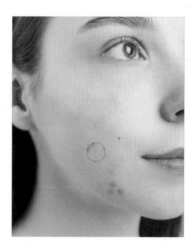

图 3-1-11

在工具选项栏中，用户可以选择不同的图案，例如树木、草等，如图 3-1-12 所示。通常情况下，用不到这些图案。但是如果想修复树叶等内容并进行填补，那么就可以使用这些图案。不过，在修复人物时，肯定不会使用这些图案。

工具栏中有一个"对齐"复选框，它有什么作用呢？勾选"对齐"复选框，它会针对某块相近的肤质进行取样，而不是在同一块区域上取样。有时候，肤色可能在某些区域较亮，在另一些区域则较暗。如果直接进行填充修复，可能会出现一些问题。因此，需要选择"对齐"复选框，针对周围进行取样，然后进行涂抹操作。

勾选"使用旧版"复选框，则没有"扩散"选项，因此一般不勾选。在"样本"下拉列表中，可以选择"所有图层""当前图层"或"当前和下方图层"选项，如图 3-1-13 所示。当有很多图层时，选择"当前和下方图层"选项意味着只对当前图层和下方图层进行取样，而其他混合了不同像素的图层则不会被取样。选择"所有图层"选项就是对所有图层进行取样。一般情况下，如果没有进行多图层的拼合或叠加，只需选择"当前图层"选项即可。

图 3-1-12　　　　　　　　　　　　　　　图 3-1-13

修补工具

下面讲解修补工具。修补工具可以用来创建选区，如图 3-1-14 所示，类似于套索工具。在绘制选区时，按住鼠标左键拖动就可以进行绘制，绘制完成后会显示一圈虚线。但与套索工具不同的是，绘制完成后可以拖动选区。当将鼠标指针移动到选区外部时，它会呈补丁形状，而将鼠标指针移动到选区内部，它会呈箭头状，如图 3-1-15 所示。

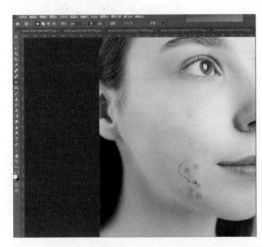

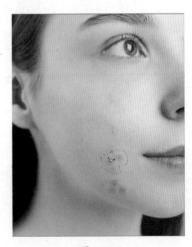

图 3-1-14　　　　　　　　　　　　　　　图 3-1-15

移动选区后，移动到的地方将作为采样点，如图 3-1-16 所示。比如，将选区移动到眼睛区域，原先的地方就会被替换成眼睛，如图 3-1-17 所示。将选区移动到没有痘痘的区域，松开鼠标，原本选区里的痘痘就被消除掉了。这就是修补工具的功能。

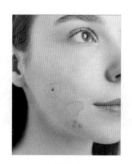
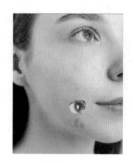

图 3-1-16   图 3-1-17

再比如，使用修补工具来处理下面这张照片，希望去掉其中的一朵花。只需框选花，然后将选区向旁边拖动即可，如图 3-1-18 所示。在上方工具栏的"修补"下拉列表中，可以选择"正常"或者"内容识别"选项，如图 3-1-19 所示。

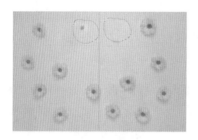

图 3-1-18   图 3-1-19

选择"内容识别"选项，会显示"结构"和"颜色"选项，如图 3-1-20 所示。"颜色"值越大，选区周围边缘过渡匹配颜色的能力就越强，就好像使用了较高的羽化值。如果将"颜色"值降低，会看到选区周围还存在一些生硬的痕迹。如果"颜色"值过大，相当于羽化值太大，则整个画面的颜色效果可能不理想，如图 3-1-21 所示。因此，要设置适当的"颜色"值进行修补。

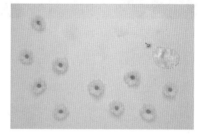

图 3-1-20   图 3-1-21

再来看"结构"选项。结构是指融合的程度,先将"结构"值调整为 1,可以观察到选区边缘显得生硬。如果将"结构"值调整为 6,选区边缘相对来说会合并得更加细致。

内容感知移动工具

最后介绍内容感知移动工具。导入照片,选择内容感知移动工具,如图 3-1-22 所示。在这张照片中有一个热气球,但是它的位置不太理想,想把它抬高一些。使用内容感知移动工具框选热气球作为选区,就可以将热气球移动到左边或者右上方,如图 3-1-23 所示。

图 3-1-22

图 3-1-23

移动完之后,热气球选区的边缘出现了几个点,如图 3-1-24 所示,这和自由变换工具相似,此时可以放大或缩小热气球,也可以旋转它。完成操作后,按"Enter"键,整个热气球就被移动过来了。但是颜色匹配并不理想,为了改善颜色匹配问题,可以调整"颜色"值,如图 3-1-25 所示,使它更加逼真。最后将热气球放置在合适的位置,按"Enter"键,就可以看到颜色调整后的效果了,如图 3-1-26 所示。因为调高了"颜色"值,软件就会根据周围的色彩将其与照片进行融合。除此之外,还可以适当提高"结构"值,以尽可能地保留热气球的原始样貌。

图 3-1-24

图 3-1-25　　　　　　　　　　图 3-1-26

下面在"模式"下拉列表中选择"扩展"选项，如图 3-1-27 所示，并框选热气球选区。那么，"扩展"模式具体有什么作用呢？完成热气球选区的绘制后，通过按住鼠标左键进行移动操作。然后对热气球的大小进行调整，将热气球缩小一点。确定后即可复制出一个热气球来，如图 3-1-28 所示。

勾选"投影时变换"复选框允许用户旋转和缩放选区。如果不勾选这个复选框，如图 3-1-29 所示，将无法实现选区的自由变换。

图 3-1-27　　　　　　　　图 3-1-28

图 3-1-29

3.2　仿制图章工具

本节讲解仿制图章工具。首先导入照片，如图 3-2-1 所示，图中是一个有指向性的箭头，但图中的箭头有一些不完整，需要对它进行填补。先利用多边形套索工具选中整个箭头，如图 3-2-2 所示，之后单击仿制图章工具，如图 3-2-3 所示。

图 3-2-1

图 3-2-2

图 3-2-3

先按住"Alt"键单击照片进行取样，如图 3-2-4 所示，即可看到想要修补的纹理，如图 3-2-5 所示，这时它就形成了一个仿制源。然后对需要修补的地方进行涂抹，就可以看到刚才残缺的地方被填补好了，如图 3-2-6 所示。

图 3-2-4

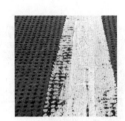

图 3-2-5

图 3-2-6

接下来讲解工具栏中的"对齐"参数，如图 3-2-7 所示。先勾选这个复选框，然后选中一个选区，再用笔刷对照片中的任意部分进行涂抹，如图 3-2-8 所示，松开鼠标之后再单击会发现笔刷会从单击的位置继续仿制，如图 3-2-9 所示。如果不勾选"对齐"复选框，松开鼠标之后再单击它就不会回到原来的地方，所以一般制作仿制源时，基本上都要勾选这个复选框。

图 3-2-7

图 3-2-8　　　　　　　　　　　　　　　图 3-2-9

　　除了上述操作，还可以在不同的照片上进行仿制涂抹。最后单击"仿制源设置"按钮，如图 3-2-10 所示，在弹出的面板中，第一排有好几个图章，它可以将用户吸取的仿制源保存下来，如图 3-2-11 所示，这样用户就可以针对不同的场景画出不同的地方。用户还可以设置仿制源的高和宽，如果都设为 100%，那么仿制出来就是 1：1 的图像，如果都设置为 200%，如图 3-2-12 所示，那么仿制的图像就是原来的两倍大小。

图 3-2-10

图 3-2-11　　　　　　　　　　　　　　图 3-2-12

第 4 章　像素控制与调整类工具

本章讲解 PS 中像素控制与调整类工具的使用方法。

4.1　裁剪工具

本节讲解裁剪工具的使用方法。首先导入照片，如图 4-1-1 所示。然后单击裁剪工具，如图 4-1-2 所示，照片上就出现了一个边框，如图 4-1-3 所示，利用这个边框可以对画面进行裁剪。

图 4-1-1　　　　　　　　　　图 4-1-2　　　　　　　　　　图 4-1-3

将鼠标指针放到边框的边缘就会出现不同的箭头，比如转向性的箭头，如图 4-1-4 所示。这时，可以通过按住鼠标左键旋转照片并进行裁剪，如图 4-1-5 所示。

图 4-1-4　　　　　　　　　　　　　　　图 4-1-5

边框的对角线上有一个双向箭头，如图 4-1-6 所示，可以按住鼠标左键对照片进行扩展或者缩小操作，如图 4-1-7 所示。将鼠标指针移动到边框上面有个小凸起的地方，也会出现一个双向箭头，这时可以对照片进行上下裁剪，如图 4-1-8 所示；将鼠标指针移动到边框两侧有凸起的地方，可以对照片进行左右裁剪。

图 4-1-6　　　　　　　　　　　图 4-1-7　　　　　　　　　　　图 4-1-8

　　接下来讲解选项工具栏中的工具。在工具栏中可以设置裁剪照片的比例，如图 4-1-9 所示。比如，想要裁剪一个正方形的照片，将比例设为 1∶1，如图 4-1-10 所示，那么无论如何拉缩照片，照片都只能是正方形，如图 4-1-11 所示。如果没有设置比例，可以随意更改裁剪照片的大小，但是设置了比例之后，就只能按照比例裁剪。

图 4-1-9　　　　　　　　　　　图 4-1-10　　　　　　　　　　　图 4-1-11

　　用户还可以通过单击箭头切换照片高度和宽度的比例，如图 4-1-12 所示，让照片变成竖构图。除此之外，还可以按住边框的边缘，将照片往下移，它就自动变成横屏了，如图 4-1-13 所示；将照片往上移，就变成竖屏了，如图 4-1-14 所示。

图 4-1-12

图 4-1-13

图 4-1-14

在比例设置下拉列表中还有一个"宽 × 高 × 分辨率"选项，如图 4-1-15 所示。当将照片调整完成后需要进行网络分享时，就需要对照片进行单独设置，比如，设置大小为 1000 × 2500 像素，如图 4-1-16 所示，这时分辨率就能决定照片的清晰程度。分辨率越高，照片的品质就越好。如果分辨率偏低，再放大照片，清晰度就不会很好。所以一般建议将分辨率设置为 300 左右，将单位设为"像素 / 英寸"，如图 4-1-17 所示。如果选择"像素 / 厘米"选项，那么即使这张照片被裁剪，它也会比原来的照片大，并且可能不清晰。

图 4-1-15

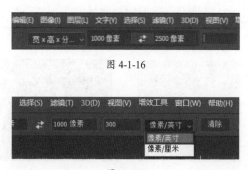
图 4-1-16

图 4-1-17

单击鼠标右键也可以切换单位，如图 4-1-18 所示。如果想要快速清除设置的参数，可以单击工具栏中的"清除"按钮，如图 4-1-19 所示。在选项工具栏中还可以设置裁剪时的网格，如图 4-1-20 所示。

在选项工具栏中，还可以设置其他裁剪选项，如图 4-1-21 所示。勾选"使用经典模式"复选框，会发现照片边框周围变成了小方块，如图 4-1-22 所示。下面还有"显示裁剪区域"复选框，如果不勾选此复选框，那么边框之外的照片部分就不显示了,如图 4-1-23 所示。所以为了方便观察,一般建议勾选这个复选框。

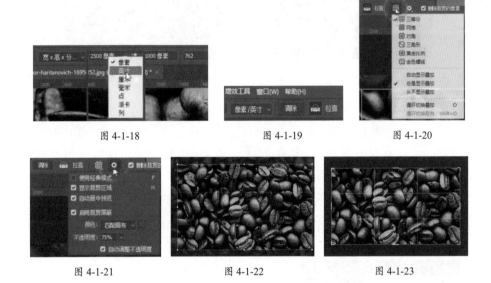

图 4-1-18 图 4-1-19 图 4-1-20

图 4-1-21 图 4-1-22 图 4-1-23

如果不想让边框之外的照片内容那么明显,可以调高"不透明度"值,如图 4-1-24 所示,这时边框之外的照片就会暗下来,如图 4-1-25 所示。"删除裁剪的像素"复选框如图 4-1-26 所示,一般建议勾选它。

图 4-1-24 图 4-1-25 图 4-1-26

在裁剪照片时,如图 4-1-27 所示,如果勾选"删除裁剪的像素"复选框,那么保存裁剪效果之后,被裁剪掉的画面就没有了,如图 4-1-28 所示。之后只能通过历史记录进行恢复。如果不勾选该复选框,那么裁剪完之后如果再裁剪,之前裁掉的画面又会显示出来,如图 4-1-29 所示,这时可以重新裁剪照片。

图 4-1-27

图 4-1-28

图 4-1-29

　　工具选项栏中还有"内容识别"参数，如图 4-1-30 所示。先不勾选"内容识别"复选框，将画布往外扩，如图 4-1-31 所示，双击照片保存裁剪效果。此时扩出去的边缘部分就会多出来一块空白透明的区域，如图 4-1-32 所示。

图 4-1-30　　　　　　　图 4-1-31　　　　　　　图 4-1-32

　　如果勾选"内容识别"复选框，再将画布往外扩，双击照片保存裁剪效果，则扩充部分的区域被自动填充了与照片相同的内容，如图 4-1-33 所示。该参数会自动计算画面上空出来的区域并进行填充。需要注意的是，进行内容填充的图层最好为"背景"图层，如图 4-1-34 所示，如果不是"背景"图层，可能无法进行内容识别。

图 4-1-33

图 4-1-34

4.2 变形工具

本节讲解变形工具的使用方法。

自由变换

下面讲解自由变换工具。首先，大家需要了解自由变换工具的用途。当导入一张风景照片后，选择菜单栏中的"编辑"菜单命令，会发现"自由变换"命令是灰色的，如图4-2-1所示。为什么是灰色的呢？这是因为当前图层处于锁定状态，如图4-2-2所示，用户无法对被锁定的图层进行自由变换操作。

图 4-2-1   图 4-2-2

为了使用自由变换工具，需要解锁这个图层。解锁之后，"背景"图层将变成"图层0"，如图4-2-3所示。这时选择自由变换工具，可以看到照片周围会出现9个坐标点，如图4-2-4所示。通过更改这些坐标点，可以对照片进行放大、缩小或变形等操作。

在照片上单击鼠标右键，在弹出的快捷菜单中，有"缩放""旋转""变形"等命令，如图4-2-5所示。如果选择"缩放"命令，就可以对照片进行缩放。选择"旋转"命令，当将鼠标指针移动到坐标点上时，会出现一个双向箭头，此时可以对照片进行旋转。选择"斜切"命令，移动坐标点到想要的位置，就可以看到照片发生了变形，出现斜切面的效果，如图4-2-6所示。

图 4-2-3

图 4-2-4

图 4-2-5

图 4-2-6

　　选择"扭曲"命令后，就可以针对这个画面进行上下拉伸操作。通过上下拉伸，可以使照片变窄或变短，如图 4-2-7 所示。此外，也可以对照片的边角来进行平移操作，调整扭曲效果，让照片更加符合自己的需求。

图 4-2-7

在制作人物的倒影时，经常会用到"透视"选项。首先，利用选择工具将照片中的人物选取出来，然后新建一个图层复制人物。接下来选择"自由变换"命令，然后选择"透视"选项，将上方的点向下移动，使其垂直翻转，并移动到桥面上，如图 4-2-8 所示。调整完成后，再进行"扭曲"操作，将倒影拉直一些。因为倒影与人物不一定按比例呈现，而是根据光线来调整的。调整完成后，对倒影进行涂黑处理，可以调整曲线来使其变暗，如图 4-2-9 所示。完成后，再进行模糊处理，就能制作出倒影效果。

图 4-2-8   图 4-2-9

单击自由变换工具后，按住键盘上的"Ctrl"键，然后单击照片边缘的点，就可以对照片进行自由调整。无论是斜切、拉伸还是扭曲，都可以进行调整，以满足用户需求。如果不按下"Ctrl"键，则只能对照片进行缩放和旋转操作。

在自由变换工具的工具选项栏中，可以调整照片的像素、宽高比例、角度等参数，如图 4-2-10 所示。但一般人们是对照片直接进行操作的，无法精准地调整，所以通常不会调节这些参数。

图 4-2-10

对照片进行缩小操作后保存，再进行放大操作，照片的像素会变得不清晰。这是因为在进行缩小操作之后，多余的像素被删除了，照片在原始像素中占比变小，因此放大后照片就会失真。

那么，有什么办法保持照片清晰呢？将照片中的人物部分抠取出来，然后在该图层上单击鼠标右键，并选择"转换为智能对象"命令，如图 4-2-11 所示。这样做之后，进行缩小操作，保存后再进行放大操作，照片像素将不会受到影响，依然保持清晰。

为什么会出现这种情况呢？因为智能对象保存了该区域像素的所有信息，不会进行删减。就好比拍摄 RAW 格式的照片，不论如何调整，其清晰度都不会变差。使用智能对象可以避免照片模糊的问题。当然，如果某些照片的滤镜不支持智能对象操作，还可以通过在该图层上单击鼠标右键，选择"栅格化图层"命令来达到同样的效果。

除了制作倒影，自由变换工具还有其他用途。当想要将一张照片移动到另一张照片上，并使其与目标位置重合时，可以使用自由变换工具。例如，要想将这张人物照片移动到白色卡片上，可以进行旋转和缩放操作，调整照片的大小和位置，如图 4-2-12 所示。调整后可能会发现照片的边缘与白色卡片不太匹配。

图 4-2-11

图 4-2-12

按住键盘上的"Ctrl"键，对照片边缘进行拉伸，使其与白色卡片的边缘更加匹配，如图 4-2-13 所示。通过自由变换工具，得到了仿佛将照片放置于计算机上的效果。如果直接叠加，会让照片显得十分突兀。为了使照片更加自然地融合，可以使用"自由变换"中的其他功能来对照片进行调整。这就是自由变换的一种操作方式。

自由变换的工具选项栏中还有一个变形工具,如图 4-2-14 所示。它用于在自由变换和变形之间进行切换。那么,这个工具有什么作用呢?单击变形工具后,可以看到自由变换的控制点从原来的 9 个变成更多的点,并且这些点是圆形的。那么,这些控制点有什么用呢?按住鼠标左键不放,拉伸其中一个控制点,可以看到照片左上角的位置被拉伸了,如图 4-2-15 所示。

图 4-2-13   图 4-2-14   图 4-2-15

利用这个变形工具,可以针对照片的局部区域进行拉伸操作。例如,拉伸照片的上半部分,那么整张照片的上半部分会有较大的变化,但是从中间开始向下的下半部分基本上没有太大的变化。

下面用另一张图来讲解变形工具。首先,解锁该图层,如图 4-2-16 所示,然后选择"编辑"—"自由变换"菜单命令,切换到变形模式。在顶部的工具栏中会显示几个拆分选项,如图 4-2-17 所示。第一个是"交叉拆分变形",它可以将照片分为 4 个部分,用户可以单独调整照片右下角和左下角的马路部分。调整边缘之后,上面的部分就会随之改变,如图 4-2-18 所示。原因是使用的坐标点影响到了上面的部分。使用"交叉拆分变形"可以单独将山峰这一部分拉高。

图 4-2-16

图 4-2-17　　　　　　　　　　　　　　　图 4-2-18

　　第二个是"垂直拆分变形"。单击此按钮之后，可以将照片分为左右两部分，用户可以分别调整这两部分。比如，可以单独拉宽这个山体，为了使效果更加明显，先对照片进行扩充操作，如图 4-2-19 所示。然后单击"垂直拆分变形"按钮，在进行操作时要记得单击边上的角标，使其变成蓝色。如果没有单击这个角标或者照片本身，就无法进行拉伸操作。单击之后可以单独对右半部分进行拉宽操作，如图 4-2-20 所示。可以看到照片左半部分已经拉宽，而右半部分没有发生变化。

图 4-2-19　　　　　　　　　　　　　　　图 4-2-20

　　最后一个是"水平拆分变形"。单击此按钮之后，可以将照片分为上下两部分，用户可以分别进行调整。比如，要想将这张照片中的山体拉高一些，可以对照片上方的部分进行单独的拉高操作，如图 4-2-21 所示。通过这样的操作可以自由控制山体的形状，比如，想让山体两边高、中间低，只需将中间部分向下压。不过，如果往中间而不是最外围进行操作，整张照片也会随之移动，如图 4-2-22所示。操作完成后，确认即可。

图 4-2-21 图 4-2-22

变形工具能帮助人们适当拉伸拍摄的楼房或山景等元素。对人物来说，使用变形工具可能会导致变形过于严重。但是对于自然风光的调整，比如将山体稍微拉高一点，并没有太大关系，只要不过度夸张即可。

操控变形

下面讲解操控变形功能，如图 4-2-23 所示。这个功能有什么作用呢？选择"操控变形"命令，就可以看到照片中出现了许多线条。用户可以在线条的任意位置打点进行固定，比如，可以固定鸟的头部、脖子、身体、尾巴和腿部等部位，如图 4-2-24 所示。

图 4-2-23 图 4-2-24

　　打点的目的是什么呢？当将鼠标指针移动到这些点上单击时，会出现一个图钉。当移开鼠标指针时，图钉带有一个加号，表示可以增加一个点。此时，可以用鼠标在某个点进行左右移动。通过这样的操作，可以对鸟的腿部进行自由变换，就像跳舞一样，如图 4-2-25 所示。

　　这些图钉的作用就是固定画面中元素的位置，使其不被移动。每个图钉都代表一个控制点，用户可以通过移动它们来实现腿部弯曲的效果，甚至让尾部翘起来或者让头部仰望天空，如图 4-2-26 所示。使用操控变形工具，可以对物体进行扭曲变换，并实现我们想要的动作效果。比如，当拍摄的鸟或动物低着头时，如果你觉得抬头更好看时，那么可以利用操控变形工具将其头部抬起。

图 4-2-25

图 4-2-26

　　在上方的工具栏中可以切换不同的模式，如图 4-2-27 所示。如果选择"刚性"模式，效果更明显。如果选择"扭曲"模式，在进行扭曲变换时，整个画面会有膨胀和缩小的效果，如图 4-2-28 所示。因此，建议选择"正常"模式。

图 4-2-27

图 4-2-28

此外，还可以调整控制点的密度，如图4-2-29所示。选择"较少点"选项会使得线条稀疏，选择"较多点"选项则会增加线条的数量。当处理比较复杂的照片并需要进行大范围移动时，可以通过增加更多的控制点来进行精确的控制，并调整控制点的密度来适应不同的需求。此外，在"扩展"下拉列表中，可以自由选择要扩展还是缩小。如果不需要显示参考网格，可以取消勾选"显示网格"复选框。通过"图钉深度"选项可以对图钉的深度进行更改，如图4-2-30所示，可以将图钉前移或后移。对于"旋转"等参数，可以选择不进行调整。

图 4-2-29   图 4-2-30

4.3 模糊和涂抹工具

本节讲解 PS 中的模糊工具和涂抹工具。

模糊工具

首先讲解模糊工具。有时候，人们拍摄照片时周围可能比较杂乱。例如，下面这张花卉照片，想要突出中心的花朵，但旁边的树叶等东西又十分抢眼。那么，应该怎么处理呢？此时，可以使用模糊工具，如图4-3-1所示，它的功能是涂抹画面进行模糊处理。

图 4-3-1

使用模糊工具在照片上涂抹后，照片就变得模糊了，如图 4-3-2 所示。在选项工具栏中有一个"强度"参数，如图 4-3-3 所示，通过设置该参数值可以保持最强或保持较弱的模糊效果。需要注意的是，即使选择最强的模糊效果，也不会过于明显，并且可能需要多次涂抹才能达到所需的模糊效果。然而，这种涂抹是直接在原始图层上进行的，因此会对原图造成一定的损坏。

图 4-3-2

图 4-3-3

要想对照片进行无损涂抹，可以先复制图层，并勾选"对所有图层取样"复选框。如果不勾选此复选框，如图 4-3-4 所示，涂抹操作将没有任何效果。勾选此复选框之后，在新建的图层上使用模糊工具进行涂抹即可，如图 4-3-5 所示。

图 4-3-4

图 4-3-5

涂抹工具

下面讲解涂抹工具。涂抹工具主要用于对画面进行拉伸涂抹操作。以图中的叶子为例，选择涂抹工具之后，单击图中的叶子进行拉伸，可以发现叶子好像被液体包裹住，产生了扭曲和移动，如图 4-3-6 所示。在选项工具栏中，也有一个"强度"参数，当将"强度"设为 100% 时，涂抹效果会更加明显。

图 4-3-6

4.4　加深和减淡工具

本节讲解 PS 中的加深工具和减淡工具。

减淡工具

首先导入所需照片，然后选择减淡工具，如图 4-4-1 所示。在工具栏中，可以调整画笔的大小和硬度。在"范围"下拉列表中，有"阴影""中间调""高光"3 个选项，如图 4-4-2 所示。这些选项分别代表什么呢？高光、阴影和中间调分别代表白色、黑色和灰色。

图 4-4-1

图 4-4-2

　　首先，选择"高光"选项。将"曝光度"设为 100%，然后对照片进行涂抹。由于选择的是"高光"选项，所以只会对亮部区域进行调整。涂抹之后可以看到整个画面都变白了，如图 4-4-3 所示，这是高光溢出了。因此，需要调整为较小的曝光值，并多次涂抹，慢慢地加强效果，如图 4-4-4 所示。这样做的好处是，效果不会太过强烈，整个亮部区域效果会更好。

　　要想提高中间调的亮度，可以选择"中间调"选项，并使用涂抹工具进行处理。需要注意的是，在提亮暗部后，整个画面会偏灰，如图 4-4-5 所示，这是因为缺少了暗部，整个画面会更偏向灰色及白色。

图 4-4-3　　　　　　　　　　图 4-4-4　　　　　　　　　　图 4-4-5

　　"保护色调"（如图 4-4-6 所示）的作用是最小化阴影和高光中的修剪，以防止颜色产生偏移。比如，如果照片原本的颜色是青色，如果不勾选"保护色调"复选框，过度提亮可能导致颜色发生偏移。因此，需要勾选"保护色调"复选框，并使用涂抹工具进行处理。

图 4-4-6

加深工具

　　下面讲解加深工具。加深工具与减淡工具是相反的，减淡工具用于提亮，而加深工具则用来增加阴影的深度。设置较低的曝光度，对阴影部分进行涂抹加深，以突出暗部的质感，如图 4-4-7 所示。

　　加深工具可以与减淡工具搭配使用，从而提高整张照片的对比度，如图
4-4-8 所示，使照片看起来更加舒适，呈现出相对立体的效果。

图 4-4-7   图 4-4-8

第5章 AI 选区与选区调整命令

本章讲解 PS 中的 AI 选区与选区调整命令的使用方法。

5.1 焦点区域命令

本节讲解焦点区域命令的使用方法。

打开 PS，将照片载入 PS，如图 5-1-1 所示。在这张照片中，如果使用对象选择工具或快速选择工具，则无法准确地识别主体。因此，可以借助焦点区域工具来准确识别想要抠取的照片。

选择菜单栏中的"选择"—"焦点区域"命令，如图 5-1-2 所示，弹出"焦点区域"对话框，如图 5-1-3 所示。在对话框的左侧，有一个放大镜按钮，用来放大或缩小照片。在照片上按住鼠标左键向左移动可以缩小照片，向右移动可以放大照片，向上移动可以缩小照片，向下移动则放大照片。放大镜按钮下面是抓手工具，放大照片后，可以使用该工具来移动照片以进行观察。

图 5-1-1

图 5-1-2

图 5-1-3

除了上面两个工具，还有两个画笔工具：一个是带加号标记的画笔，一个是带减号标记的画笔。加号画笔的作用是直接在照片上涂抹，无须识别就可以保留用户想要的区域，而减号画笔工具的作用则相反。当使用减号画笔工具在画面上涂抹时，会出现一个红色区域，如图 5-1-4 所示，表示用户想要去除的部分。

图 5-1-4

在"焦点区域"对话框右侧，在"视图模式"选项组中，有一个"视图"下拉列表和"预览"复选框。如果关闭"预览"选项，就与原始照片没有区别。在"视图"下拉列表中有几种不同的视图选项，如图 5-1-5 所示。在"闪烁虚线"视图模式下，虚线选中的区域就是用户想要保留的区域。在"叠加"视图模式下，红色区域表示用户想要去除的区域。在"黑底"视图模式下，黑色区域代表用户需要去除的部分。而在"白底"视图模式下，白色区域表示用户要去除的部分。在"黑白"视图模式下，白色区域属于保留的区域，黑色区域属于遮挡的区域，如图 5-1-6 所示。"图层"视图或"显示图层"视图用户可以根据自己的习惯选择。

图 5-1-5

图 5-1-6

在"参数"选项组中,"焦点对准范围"指的是整张照片的一个焦点,这个焦点可以通过设置具体数值来改变大小。如果选择较小的值,那么焦点对准的范围就会增大;相反,如果选择较大的值,那么焦点对准的范围会相对缩小,也就更加精准。

对于"图像杂色级别"选项,如果其值较小,就会看到相近的颜色扩大,也就是选择的边缘颜色会更广泛,如图 5-1-7 所示。如果增大其值,那么整个范围就会缩小,如图 5-1-8 所示。选中主体后,旁边的颜色就会被过滤掉。

图 5-1-7　　　　　　　　　　　　　　　　　图 5-1-8

在"输出"选项组中的"输出到"下拉列表中,可以选择完成抠图后的输出方式,如图 5-1-9 所示。一般来说,通常选择"新建带有图层蒙版的图层"作为输出选项。在下方还有"柔化边缘"复选框,用于将用户选择的主体与其周围的背景间的过渡变得更加平滑自然。如果不勾选这个复选框,选择的主体与周围背景的边缘非常生硬,如图 5-1-10 所示;如果勾选这个复选框,那么边缘就会更加自然柔和。

图 5-1-9　　　　　　　　　　　　　　　　　图 5-1-10

下面就将照片的主体抠取出来,选择加号画笔工具,对未选择到的区域进行选择，并调整画笔的大小，如图 5-1-11 所示。然后使用减号画笔工具对不想选择的区域进行涂抹。接着适当调整"图像杂色级别"，让边缘更自然一点，最后单击"确定"按钮，照片的主体就被快速地抠取出来了，如图 5-1-12所示。

图 5-1-11

图 5-1-12

5.2　选择主体

本节讲解选择主体操作。

使用"选择主体"功能，利用计算机的识别功能可以找到画面中的主体。选择快速选择工具，在其选项工具栏中选择"选择主体"选项，如图 5-2-1 所示，即可智能地通过计算来定位画面中的主体。比如，在下面这张照片中非常迅速地找到了人和滑板的主体，如图 5-2-2 所示。然而，它选择的可能并不完全准确，这时可以通过快速选择工具对其进行调整。

图 5-2-1

　　识别完成后，可以对选区单独进行调整。例如，在选区内进行绘画操作，或者直接将主体抠取出来，如图 5-2-3 所示。一般来说，利用"选择主体"功能选择并不是非常准确的。通常情况下，需要在激活"选择主体"功能后对选区进行一些微调。

图 5-2-2　　　　　　　　　　　　　　　　　图 5-2-3

5.3　选择天空

　　本节讲解选择天空命令的使用方法。

　　打开 PS，将照片载入 PS，如图 5-3-1 所示。此时图中的天空不够蓝，可以使用渐变工具为天空添加蓝色。选择从前景色到透明的渐变，然后选择线性渐变，选择合适的不透明度，将前景色设为和水面相同的颜色。接着按住"Shift"键，从上往下拖出渐变。通过这样的调整，即可为照片制作出蓝色的天空，如图 5-3-2 所示。

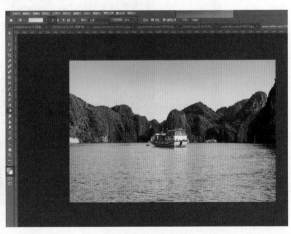

图 5-3-1　　　　　　　　　　　　　　　图 5-3-2

选择菜单栏中的"选择"—"天空"命令，如图 5-3-3 所示，就可以将照片中的天空选取出来，如图 5-3-4 所示。如果想选择天空以外的部分，选择"反选"命令即可，然后再进行其他的操作。

图 5-3-3   图 5-3-4

下面讲解如何替换天空。选择菜单栏中的"编辑"—"天空替换"命令，如图 5-3-5 所示，弹出"天空替换"对话框，如图 5-3-6 所示。在该对话框中，可以在"天空"下拉列表中选择不同的天空样式，如图 5-3-7 所示。

图 5-3-5

图 5-3-6　　　　　　　　　　　　　　　　　　图 5-3-7

　　"移动边缘"选项用于控制天空的混合程度。如果将其数值减小，天空的混合效果会减弱；而如果增大其数值，则混合效果会过于强烈，如图 5-3-8 所示。因此，需要将其调整为合适的数值。"渐隐边缘"选项用于控制天空边缘的过渡程度，数值越大，过渡就越自然；数值越小，过渡则会显得生硬，如图 5-3-9 所示。因此，也需要将其调整为适当的数值。

图 5-3-8　　　　　　　　　　　　　　　　　　图 5-3-9

　　"亮度"选项用于控制天空的明亮程度，用户根据需要调整亮度大小即可。"色温"选项用于控制天空的冷暖程度，可以选择冷色调或暖色调。"缩放"选项用于控制蓝天的大小，但通常选择 100%，不会进行缩小。"翻转"选项用于将天空水平翻转，例如变换左右两侧云朵的位置，如图 5-3-10 所示。

图 5-3-10

在"前景调整"选项组中，在"光照模式"下拉列表中选择所需选项控制天空融合区的亮度，使其变暗或者变亮。若想提高亮度，可以选择"滤色"选项，若想降低亮度，可以选择"正片叠底"选项，如图 5-3-11 所示。"前景光照"指的是地面景色亮度的融合程度，而"边缘光照"指的是天空与地面交界处边缘亮度的融合效果。用户可以根据需要调整这些参数，目的是实现更自然的合成效果。"颜色调整"选项用于匹配地景和天空的颜色。

另外，还有一个"输出"选项，用户可以选择复制图层或创建新图层，如图 5-3-12 所示，一般选择创建新图层。选中底部的"预览"复选框可以观察最终的融合效果，如果取消勾选该复选框，则不会显示任何效果。

图 5-3-11

图 5-3-12

5.4　选择与遮住

本节讲解选择与遮住工具。

选择与遮住工具经常出现在选框工具和快速选择工具的选项工具栏中，它的作用是在不创建选区的情况下对照片进行抠图。由于图中的人物有细小的发丝等细节，因此抠图会比较困难。这时可以单击"选择并遮住"按钮，如图5-4-1 所示，单击之后会出现如图 5-4-2 所示的界面。

图 5-4-1

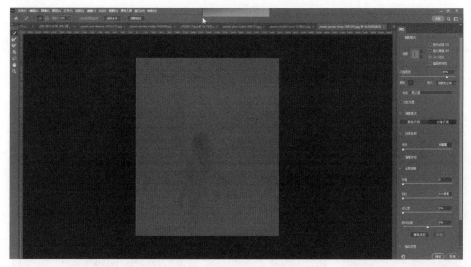

图 5-4-2

使用界面左侧的快速选择工具对图中主体进行涂抹，从而将主体大致选择出来，如图 5-4-3 所示。除此之外，还有调整边缘画笔工具、画笔工具、对象选择工具及套索工具，这些工具都可以和"选择并遮住"功能搭配使用。在上方的选项工具栏中还有一个"选择主体"按钮，单击该按钮后会自动选取照片中的主体，如图5-4-4所示。此方法比手动使用快速选择工具更加精确。

图 5-4-3

图 5-4-4

　　下面介绍界面右侧的工具。在"视图"下拉列表中可以选择不同的视图模式，如图5-4-5所示。"显示边缘"选项用于显示选区的边缘，但需要配合调整"半径"来使用。调整完"半径"后，就可以看到选区的边缘了，如图5-4-6所示。勾选"显示原稿"复选框会显示原图，一般不会勾选"高品质预览"复选框，因为它会占用大量计算机内存。

图 5-4-5

图 5-4-6

　　"不透明度"用于调整去除背景颜色的深度，可以选择全红色或部分透明。单击颜色色块可以选择替换颜色，例如可以将其更改为绿色，如图5-4-7所示。

图 5-4-7

在"表示"下拉列表中，可以选择"被蒙版区域"或"选定区域"选项，如图 5-4-8 所示。"被蒙版区域"即图中的红色区域，代表需要去除的区域；选择"选定区域"选项则只显示人物主体，而背景颜色将不再显示，如图 5-4-9 所示。

图 5-4-8

图 5-4-9

"调整模式"中的"颜色识别"针对照片中的色彩进行识别。"边缘检测"中的"半径"值越大，选中的边缘就会变得越大。勾选"智能半径"单选按钮会基于整个图像进行计算。如果没有勾选"智能半径"单选按钮，人物的衣服和头发颜色可能会稍微深一些。而勾选了"智能半径"单选按钮后，会稍微减弱这些区域的颜色，因为它知道这里含有发丝等细节，不应该完全去除掉。

在"全局调整"选项区域，"平滑"选项用于控制像素边缘的平滑度；"羽化"选项则用于控制边缘的过渡效果。当"羽化"值为0时，边缘会显得比较生硬，如图5-4-10所示。而当"羽化"值增大时，边缘的过渡会更加平滑，如图5-4-11所示。然而，如果需要进行抠图操作，尽量将"羽化"值设置得小一些，这样可以让过渡效果更加自然。

图 5-4-10

图 5-4-11

"对比度"选项用于控制边缘的对比度。当"对比度"值为0时，边缘过渡效果会比较自然，提高"对比度"值会让边缘变得更加锐利，如图5-4-12所示。因此，适当提高"对比度"值即可，但不要设为最大值，否则边缘会过于锐利，抠图结果也会看起来不自然。"移动边缘"选项用于移动选择的人物边缘半径。如果减小该值，则从边缘开始向中心收缩，而增大该值会扩大选择的边缘范围，如图5-4-13所示。因此，该值也不应设置得太大。

图 5-4-12

图 5-4-13

"清除选区"选项用于清除整个选区。单击"反相"按钮，则可以将遮罩中未被遮住的区域变成已遮住的，将已遮住的区域变成未遮住的，如图5-4-14所示。

图 5-4-14

"净化颜色"选项的作用是移除照片中的一些彩色边缘，勾选此复选框后可以看到人物头发和手背周围的颜色变得更深，如图 5-4-15 所示。另外，底部还有一个"输出到"下拉列表，可以将处理后的照片输出到不同的位置，如图5-4-16 所示。

图 5-4-15

图 5-4-16

5.5　快速操作

本节讲解快速操作功能。

快速操作是一种傻瓜式的快捷指令。要使用该功能，单击 Photoshop 界面右侧直方图上方的放大镜按钮，如图 5-5-1 所示。单击后即可弹出"发现"对话框，如图 5-5-2 所示。

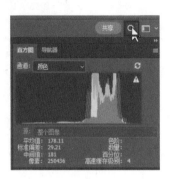

图 5-5-1

图 5-5-2

在对话框上方有一个搜索框，可以用来搜索相关操作。在搜索框下方为"快速操作"选项。单击该选项后，会显示不同的功能，如"移除背景""模糊背景""选择主体"等，如图 5-5-3 所示。首先，选择"移除背景"功能。一旦选择此选项，即可马上将照片中的人物主体抠取出来，如图 5-5-4 所示。

图 5-5-3

图 5-5-4

第二个功能是"模糊背景"。在拍照的时候，可能背景比较杂乱，导致主体不够突出，如图 5-5-5 所示，这时可以使用"模糊背景"功能。这一功能基于

"选择并遮盖"功能，然后进行模糊处理，如图 5-5-6 所示。处理完成后是以智能对象的形式显示处理结果的，因此不会损坏原图。

图 5-5-5 　　　　　　　　　　　　　　　　图 5-5-6

　　利用"选择主体"功能可以快速将人物选取出来，但是选区可能没有那么准确，如图 5-5-7 所示。

　　平时拍摄人像时，人物皮肤可能不够好看，如图 5-5-8 所示。这时通常需要使用"磨皮"功能。但在 PS 中，也可以使用"平滑皮肤"功能，处理出来的效果同样非常好，如图 5-5-9 所示。

图 5-5-7 　　　　　　　　图 5-5-8 　　　　　　　　图 5-5-9

　　"调整光照"功能可以根据照片应用小幅更改，使照片更加明亮和吸睛。导入一张照片，选择"调整光照"功能，则可以提高照片的饱和度，如图 5-5-10 所示。

利用"选择背景"功能可以自动选择照片中的背景，方便直接对其进行编辑。该功能自动识别照片中的背景区域后，会用虚线标出，如图 5-5-11 所示。此时可以将背景扣取出来，对其进行快速调整，比如提高亮度或增加颜色等。

利用"制作黑白背景"功能可以将照片中主体以外的背景转换为黑白背景，如图 5-5-12 所示。

图 5-5-10　　　　　　　　　图 5-5-11　　　　　　　　　图 5-5-12

还有一个功能是"为老照片上色"，选择该功能后可以恢复老照片中人物的肤色。如图 5-5-13 所示为一张老照片，单击这个功能之后，就可以为照片上色了，如图 5-5-14 所示。虽然效果可能不是最好的或最满意的，但至少能将基本的颜色呈现出来。"快速操作"中还有许多其他的功能，这里就不一一介绍了。

图 5-5-13　　　　　　　　　　　　　　图 5-5-14

第 6 章　神经网络滤镜的使用方法

本章将结合具体的照片，讲解 PS "滤镜"菜单中 "Neural Filters"（又称神经网络滤镜）的使用方法。

6.1　风景混合器

本节讲解风景混合器功能。选择菜单栏中的"滤镜"—"Neural Filters"命令，如图 6-1-1 所示，弹出一个对话框。在对话框中有许多功能，首先介绍风景混合器，其右侧有一个开关，打开这个开关，即可激活该工具，如图 6-1-2 所示。

图 6-1-1

图 6-1-2

风景混合器中有"预设"和"自定义"两个选项卡。如果选择"预设"选项卡，可以看到有许多种类不同的风景样式可供选择，包括雪天、夕阳、夏天、雪山、秋天等，如图 6-1-3 所示。

目前在 PS 中导入了一张干旱花岗岩地貌的照片，因此选择一个带有绿植滤镜的预设样式。此时，PS 开始在照片上应用此样式。处理完成后，图中原本光秃秃的石壁上长出了一片绿植，如图 6-1-4 所示。用户也可以选择带有雪山滤镜的预设样式，将图中的山变成雪山，如图 6-1-5 所示。

图 6-1-3   图 6-1-4   图 6-1-5

在"预设"选项卡中还有许多选项。"强度"选项用于控制滤镜样式混合的程度。如果将"强度"设置得太弱，照片几乎不会发生变化。相反，如果提高"强度"值，混合程度就会增强，效果也会更加明显。

在底部还有白昼、夜晚、日落、春季、夏季、秋季、冬季等选项，PS 会根据用户调整的参数匹配不同的光照效果。例如，如果增大"白昼"值，光照效果就会增强，如图 6-1-6 所示；而如果增大"夜晚"值，整张照片就会被处理成夜晚的效果，如图 6-1-7 所示。需要注意的是，如果改变季节选项参数，需要选择带有绿植的滤镜样式，否则将看不出任何效果。

图 6-1-6   图 6-1-7

下面选择"自定义"选项卡，在这里可以自定义风景样式。首先选择一张照片进行上传，如图 6-1-8 所示。PS 会根据上传照片的样式与原图进行融合，如图 6-1-9 所示。

图 6-1-8　　　　　　　　　　　　　　　　　　图 6-1-9

6.2　深度模糊

本节讲解"深度模糊"功能。单击"深度模糊"功能后，当将鼠标指针移动到右侧的图像上时会显示一个光标，如图 6-2-1 所示。这个光标用于用户用鼠标单击以编辑焦点。左侧会显示生成的照片，但此时照片的模糊效果比较强烈，如图 6-2-2 所示。

图 6-2-1　　　　　　　　　　　　　　　　　　图 6-2-2

如果单击中间的岩石，左侧的照片就会产生相应的变化，如图 6-2-3 所示。此时只对背景进行了模糊处理。这时下方的"焦距"选项就不能手动调整了，因为通过手动单击选择了焦点，所以就无法调整焦距范围了。

图 6-2-3

图 6-2-4

　　对于"焦距"选项，当将其数值增大时，整个画面会变得更清晰，如图 6-2-4 所示。大家可以将这个选项理解为焦平面的范围。如果将焦距调小一些，那么只有中间的一块区域会保持清晰。

　　"模糊强度"选项可用于控制画面的模糊效果。当将其数值调小时，画面的模糊效果会显著减弱，如图 6-2-5 所示。如果想实现比较强烈的模糊效果，可以增大其数值。

　　对于"雾化"选项，当将其数值增大到 10 时，可以看到照片中的模糊区域增加了一些灰雾效果，如图 6-2-6 所示。这种雾化效果会随着数值的增大而变得更加明显，甚至可能会影响到主体。因此，需要选择一个适合的数值来控制雾化效果。

图 6-2-5

图 6-2-6

对于"色温""色调""饱和度""亮度"选项，大家可以自由调整。想要使照片更加鲜艳，可以提高饱和度，这样整个画面的色彩就会变得更加丰富，如图6-2-7 所示。"亮度"选项用于控制照片的明亮程度。通常，在白天，可以提高亮度，因为如果降低亮度，会对高光进行压缩，导致整个画面显得灰暗。因此，白天时适当提高亮度，可以使光照感和对比度更加强烈，如图6-2-8 所示。

图 6-2-7

图 6-2-8

设置"颗粒"选项可以在画面上增加杂色效果。如果将数值调到最大，画面上会出现非常多的杂色，如图6-2-9 所示。为了避免这种情况，尽量不要开启"颗粒"选项。

对于底部的"仅输出深度图"复选框，若勾选它，会如图6-2-10 所示的效果图，通常不勾选。

图 6-2-9

图 6-2-10

6.3　色彩转换

本节讲解"色彩转换"功能。"色彩转换"界面也有"预设"和"自定义"

两个选项卡。在"预设"选项卡中，可以选择想要将照片转换成的颜色，如图6-3-1所示。除此，还可以调整画面的明亮度、颜色强度饱和度等。

亮度和明亮度的区别在于明亮度对画面的影响较小，而亮度对整个画面的影响较大。在"色彩空间"下拉列表中，有"Lab"和"RGB"两种模式，如图6-3-2所示。在这两种模式中，色域更广的是"Lab"模式。如果选择"RGB"模式，只能调整饱和度、色相及亮度，保留明亮度不调整可以保留原始照片的明亮度。

图 6-3-1

图 6-3-2

6.4　皮肤平滑度

本节讲解"皮肤平滑度"功能。"皮肤平滑度"界面中只有"模糊"和"平滑度"两个选项。"模糊"选项用于控制人物的磨皮程度。"模糊"数值越大，照片的磨皮程度就越明显，如图6-4-1所示。"平滑度"则可视为照片的过渡效果。如果将"平滑度"设置得较高，那么整个照片的磨皮效果相对不太明显。

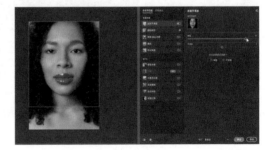

图 6-4-1

6.5　智能肖像

本节讲解"智能肖像"功能。"智能肖像"滤镜是在云端对照片进行处理的，所以用户每次操作都会把照片上传到云端，如图6-5-1所示。在"特色"选项区域，可以对"幸福""面部年龄""发量""眼睛方向"进行调整。比如，调高"发量"值，可以看到照片中人物的发量明显增加了，如图 6-5-2 所示。

图 6-5-1　　　　　　　　　　　　　　　　　　　图 6-5-2

　　在"表情"选项区域，可以调整人物的表情，比如"幸福""惊讶"或"愤怒"。在"全局"选项区域，"面部朝向"也是可以更改的。在调整"面部朝向"之后，可以调整"修复头部对齐"选项，如图 6-5-3 所示。除此，还可以控制光线的方向是从右侧还是从左侧照射。

　　最后，在"设置"选项区域，可以设置"保留独特细节"参数，如图 6-5-4所示，这个参数是用来保留原始照片中的独特细节的。而"蒙版羽状物"用来控制调整的过渡。

图 6-5-3　　　　　　　　　　　　　　　　图 6-5-4

6.6 妆容迁移

本节讲解"妆容迁移"功能，它是一项非常有趣和实用的功能，允许用户将一张照片中的人物的妆容应用到另一张照片中的人物上。首先，打开一张照片。单击"妆容迁移"功能，上传想要迁移妆容的照片，如图 6-6-1 所示。然后系统会将上次照片中人物的妆容迁移到原始照片中的人物上，如图 6-6-2 所示。这个过程非常快速和方便。通过"妆容迁移"功能，用户可以轻松地尝试不同的妆容效果，为照片增添新的风格和魅力。

图 6-6-1　　　　　　　　　　　　　　　　　　　　　图 6-6-2

6.7 协调

本节讲解"协调"功能，它可以完美地融合两张照片的颜色和亮度。首先，单击"协调"功能，并选择一张要上传的照片，如图6-7-1 所示。在此过程中，原始照片的颜色发生了改变，如图 6-7-2所示。为了与背景融合

图 6-7-1

得更加自然，"协调"功能会自动调整人物的整体色调。此外，用户还可以调整"强度"和"饱和度"等选项。

图 6-7-2

6.8　超级缩放

本节讲解"超级缩放"功能。利用这个功能可以对照片进行缩放和重构。通过按住鼠标左键拖动照片到合适的位置。然后单击下方的放大镜按钮将照片放大3倍，如图 6-8-1 所示。下面还有"加强图像细节"和"移除 JPEG 伪影"选项，一般建议勾选这两个复选框，以优化照片效果。

图 6-8-1

在底部还有"降噪"和"锐化"选项。"降噪"用于去除照片中的噪点。然而，如果将其调整过大，虽然噪点会被去除，但整个照片看起来会变得不自然。

事实上，噪点也是影响画面清晰度的一部分，有时保留一些颗粒状的噪点会使照片更加真实。

同样，"锐化"值也不能调到最大。如果锐化过于强烈，照片就会出现失真，甚至边缘会出现一些白色的边框。因此需要控制"降噪"和"锐化"值的大小，并尽可能选择较低的数值，以获得更好的效果。在处理完成之后，单击"确定"按钮，如图 6-8-2 所示，便可得到一张裁剪过的照片，如图 6-8-3 所示。与手动裁剪相比，这个功能会进行智能计算并对照片质量进行微调，从而提高照片的清晰度。

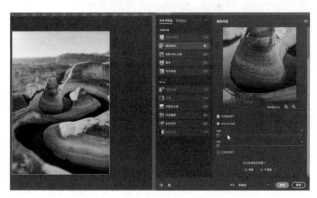
图 6-8-2

图 6-8-3

6.9 样式转换

本节讲解"样式转换"功能，如图 6-9-1 所示。通过这个功能，可以将原始照片的样式转换成其他绘画作品的样式，如图 6-9-2 所示。在调整"强度"值时，如果设置过高，整个画面的效果就会变得

图 6-9-1

更加明显，但同时也会改变原始作品的特点。

图 6-9-2

　　"样式不透明度"的值越高,显示风格就越强,如图 6-9-3 所示。如果希望保留原始照片的特征,可以降低"样式不透明度"的值。关于"细节"参数,一般调到最高,以尽可能保留最多的细节,还可以调整亮度和饱和度。勾选"保留配色"复选框,可保留原始照片上的配色方案。

图 6-9-3

第7章　画面校正与液化变形命令

本章讲解 PS 中画面校正与液化变形命令的使用方法。

7.1　镜头校正

本节讲解"滤镜"菜单中"镜头校正"命令的使用方法。

打开 PS，将照片载入 PS，如图 7-1-1 所示。由于照片是用鱼眼镜头拍摄的，因此边缘会产生弧形的透视效果。那么，要如何进行校正呢？在 PS 的菜单栏中选择"滤镜"—"镜头校正"命令，如图 7-1-2 所示。

图 7-1-1

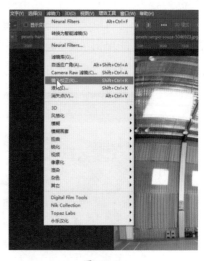

图 7-1-2

此时弹出如图 7-1-3 所示的页面。在对照片进行镜头校正时，应该尽量导入原始照片。这样可以显示相机型号、镜头型号及相机设置等参数信息。在界面右边"自动校正"的选项卡中，"校正"选项区域的 3 个选项是无法使用的，这是因为没有输入拍摄照片所用的器材信息。在下面的"搜索条件"选项区域输入器材信息，如图 7-1-4 所示，就可以激活这几个选项。此时，照片已经被校正回来了。

图 7-1-3

图 7-1-4

在"边缘"下拉列表中，有多个选项可供用户使用，如图 7-1-5 所示，用来控制边缘的效果。比如选择"黑色"选项，照片边缘就变成了黑色，如图 7-1-6 所示。

109

图 7-1-5　　　　　　　　　　　　　　　图 7-1-6

接下来介绍"自定"选项卡中的选项及参数，如图 7-1-7 所示。在"设置"下拉列表中，用户可以选择不同的选项，如图 7-1-8 所示。"移去扭曲"选项可以用来控制照片扭曲的效果。

图 7-1-7　　　　　　　　　　　　　　　图 7-1-8

在进行镜头校正之后，可能画面中的某些地方会出现紫边或绿边，如图 7-1-9 所示。为了修复这个问题，可以调整"色差"选项区域的参数。"晕影"选项区域中的参数可以用来控制照片周边的明暗程度，如果将"数量"参数值调低，照片的周边就会变暗，如图 7-1-10 所示。"中点参数"可以用来设置晕影的中心点。

图 7-1-9　　　　　　　　　　　　　图 7-1-10

在这张照片中，柱子并不是完全垂直的。为了修复这个问题，可以手动进行校正。首先，选择"显示网格"命令显示网格线，然后调整"变换"选项区域的"垂直透视"功能。调整完成后，柱子即被调整成了直立状态，如图 7-1-11 所示。

图 7-1-11

"水平透视"功能可以用来对照片进行水平方向的校正。"角度"选项用来校正照片的角度，比如输入具体的数值来控制照片的旋转角度，如图 7-1-12 所示。"比例"选项用来控制照片的缩放比例。

图 7-1-12

　　下面介绍镜头校正界面左侧的工具。第一个工具是移去扭曲工具，单击该工具后，鼠标指针会变成十字形状。将这个十字鼠标指针放置在照片上并向外拖曳，就会形成一个凸起的效果，如图 7-1-13 所示。如果向内拖曳鼠标，则会使画面收缩回去。

　　第二个工具是拉直工具，它可以用来校正画面的角度，如图 7-1-14 所示。

图 7-1-13

图 7-1-14

　　接下来是移动网格工具，可以用来移动画面中的网格，如图 7-1-15 所示。最后是抓手工具和放大工具，放大工具可以用来放大画面，如图 7-1-16 所示；而抓手工具可以用来移动放大后的画面，以便用户进行观察。

图 7-1-15 图 7-1-16

7.2 液化

本节讲解"滤镜"菜单中"液化"命令的使用方法。

首先将照片导入 PS，然后选择"滤镜"—"液化"命令，如图 7-2-1 所示，弹出液化操作界面，如图 7-2-2 所示。

图 7-2-1 图 7-2-2

首先介绍液化界面左侧的工具。第一个工具是向前变形工具。单击照片后，可以使用该工具将其向左或向右进行变形，如图 7-2-3 所示。重建工具的功能与历史记录画笔相似，当对照片进行修改后，如果发现修改的效果不满意，用户可以使用重建工具重新涂抹，将照片恢复到之前的状态。

重建工具下方是平滑工具，这个工具主要用于对液化操作后不够流畅的线条进行平滑处理，这里不做过多介绍，大家在使用时直接选择该工具，鼠标指针放到要做平滑处理的位置单击拖动涂抹即可。平滑工具下方是顺时针旋转扭曲工具，再单击照片，则被单击的区域被顺时针扭曲和旋转，如图 7-2-4 所示。单击褶皱工具，再单击照片，则照片逐渐向中心收缩，形成褶皱效果，如图 7-2-5 所示。

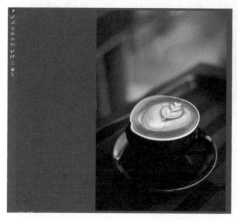
图 7-2-3

图 7-2-4

单击膨胀工具，再单击照片，则被单击的区域会向外膨胀，如图 7-2-6 所示。使用左推工具则可以让被单击区域左右移动，如图 7-2-7 所示。

图 7-2-5

图 7-2-6

使用冻结蒙版工具对照片进行涂抹后，会出现一个红色区域，如图 7-2-8 所示。此时，使用其他工具去调整这个红色区域，是无法产生任何效果的。这是因为这个红色区域就是被保护的区域，不会受到其他工具操作的影响。如果不希望保护这个区域，则可以单击解冻蒙版工具。下面的脸部工具是针对人像照片使用

114

的。最下面的抓手工具和放大镜工具不作介绍。

图 7-2-7

图 7-2-8

接下来介绍界面右侧"属性"面板中的选项及参数。"画笔工具选项"选项区域如图 7-2-9 所示，在这里可以对画笔的"大小""密度""压力""速率"进行调整。勾选"固定边缘"复选框，可以锁定照片的边缘，否则在进行操作时会影响照片的边缘，如图 7-2-10 所示。

图 7-2-9

图 7-2-10

"人脸识别液化"选项区域中的参数主要针对人脸照片，它可以识别人脸并对人脸进行调整。"载入网格选项"选项区域如图 7-2-11 所示。单击"载入网格"按钮，可以载入预设的网格样式；单击"储存网格"按钮，可以对调整后的网格进行保存；单击"载入上次网格"按钮，可以使用上次的网格样式。

　　在"视图选项"选项区域，可以设置"网格大小"和"网格颜色"。除此之外，用户也可以设置蒙版的颜色。"显示背景"有什么作用呢？如果将照片中咖啡的拉花抠取出来，勾选"显示背景"复选框则会显示照片的背景，如图 7-2-12 所示。

图 7-2-11

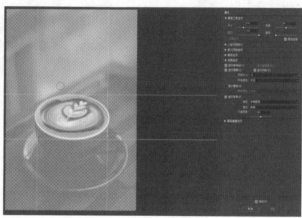
图 7-2-12

7.3　消失点

　　本节讲解"滤镜"菜单中"消失点"命令的使用方法。

　　打开 PS，将照片载入 PS，如图 7-3-1 和图 7-3-2 所示。

图 7-3-1

图 7-3-2

116

如果想要将第 2 张照片移动到第 1 张照片中的广告牌上，该如何进行操作呢？先将建筑照片移动到广告牌上，然后调整它的大小和位置，从而制作出广告牌的效果，如图 7-3-3 所示。但是这样操作就太慢了，这时就可以使用消失点工具。

选择菜单栏中的"滤镜"—"消失点"命令，如图 7-3-4 所示，会弹出消失点操作界面，如图 7-3-5 所示。

图 7-3-3　　　　　　　　　　　　　　　　　图 7-3-4

图 7-3-5

首先选择创建平面工具，当将鼠标指针移动到画面上时，会变成类似靶子的形状。此时单击广告牌的四周，就会出现参考线，如图 7-3-6 所示。当将广告牌的 4 个角全部单击后，会发现屏幕上出现了网格，如图 7-3-7 所示。

图 7-3-6

图 7-3-7

将另外一张建筑照片粘贴进来，会显示如图 7-3-8 所示的效果。然后移动照片，将其移动到广告牌中，此时建筑的照片太大，不能完全显示，如图 7-3-9 所示。

图 7-3-8

图 7-3-9

选择变换工具，按住键盘上的"Shift"键和"Alt"键，调整照片的大小，就可以将照片完美地移动到广告牌上了，如图 7-3-10 所示。

使用选框工具可以对照片创建选区，然后对选区进行调整，如图 7-3-11 所示。使用仿制图章工具可以对照片中的区域进行取样并复制到其他地方，如图 7-3-12 所示。

图 7-3-10

图 7-3-11

119

图 7-3-12

使用测量工具对画面进行测量，如图 7-3-13 所示。

图 7-3-13

第8章 风格化系列滤镜效果

本章结合具体的案例照片来讲解 PS 风格化系列滤镜中各种命令的使用方法。

8.1 查找边缘

本节讲解 PS 风格化滤镜中"查找边缘"命令的使用方法。

首先打开 PS，将照片导入 PS，如图 8-1-1 所示。在制作照片之前，先介绍查找边缘的作用。查找边缘是

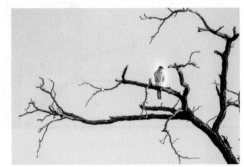

图 8-1-1

一种应用于照片像素的处理技术，它能够增强照片的色彩边界，使得照片边缘对比度更加清晰。

选择菜单栏中的"滤镜"—"风格化"—"查找边缘"命令，如图 8-1-2 所示，整张照片会呈现出类似于素描的效果，如图 8-1-3 所示。这种效果给人一种简笔画的感觉，周围的线条也会变得更加粗实。需要注意的是，这种效果会受到照片对比度的影响。

图 8-1-2

图 8-1-3

121

在原图中，黑白色彩对比非常明显，背景是白色的，而树枝和鸟的颜色较深。这使得边缘识别效果非常好。然而，如果通过曲线调整照片的整体对比度，将其稍微降低一些，如图 8-1-4 所示，再选择"查找边缘"命令，就会发现照片中树干位置的颜色变浅了，如图 8-1-5 所示。

图 8-1-4   图 8-1-5

造成这种结果的原因是降低了照片的对比度。虽然照片的边缘没有受到影响，但整个画面的明暗程度却发生了变化，通过这种方法可以制作出非常适合用于简笔画效果的照片。

接下来导入一张彩色照片，如图 8-1-6 所示。然后选择"查找边缘"命令，则照片的边缘会出现很多五颜六色的杂色，如图 8-1-7 所示。如果希望制作简笔画效果，最好使用单色照片进行处理。

图 8-1-6   图 8-1-7

8.2 等高线

本节讲解 PS 风格化滤镜中"等高线"命令的使用方法。

等高线的作用是调整照片的色调水平，并勾勒照片的色阶范围。打开 PS，将照片导入 PS，如图 8-2-1 所示。选择菜单栏中的"滤镜"—"风格化"—"等高线"命令，如图 8-2-2 所示。

图 8-2-1

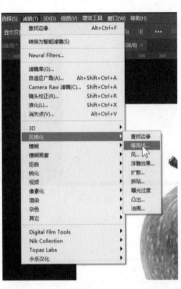

图 8-2-2

此时，会弹出"等高线"对话框。在该对话框中，"色阶"参数的作用是调整边缘识别的敏感程度，可以通过拖动三角滑块来设定其值，例如，将其值调整为 13。此时，可以看到选中了照片中苹果的边缘，并且还包括底部的阴影部分，如图 8-2-3 所示。这是因为它选择的是连续的线条，所以选择的范围是一整条连续的

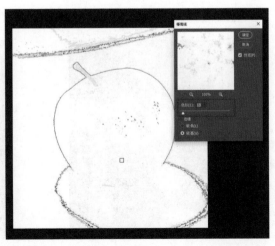

图 8-2-3

线段。

在"边缘"选项组中，有"较低"和"较高"两个选项。选择"较低"选项，意味着用户将选择照片中像素颜色低于指定色阶值的部分。如果将"色阶"参数调高到 255，那么将选中所有低于 255 个色阶的区域，如图 8-2-4 所示。反之，如果选择"较高"选项，将选择照片中像素颜色高于指定色阶值的区域，如图 8-2-5 所示。等高线可以用于制作简笔画效果，同时也能够实现绿化边缘的效果。

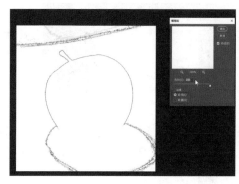 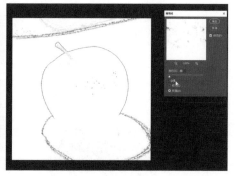

图 8-2-4 图 8-2-5

8.3 风

本节讲解 PS 风格化滤镜中"风"命令的使用方法。

打开 PS，将照片导入 PS，如图 8-3-1 所示。选择菜单栏中的"滤镜"—"风格化"—"风"命令，如图 8-3-2 所示。

 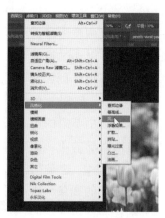

图 8-3-1 图 8-3-2

　　此时，会弹出"风"对话框。在该对话框的缩略图中，可以看到风的效果，如图 8-3-3 所示。"风"的作用是在照片中模拟出风吹的效果。它会在色彩相差较大的边界增加细小的水平短线，以模拟风吹的效果。在"方法"选项组中，可以选择风的种类；在"方向"选项组中，可以选择风吹的方向。

　　使用"风"效果可以获得非常细腻的效果。如果选择"大风"效果，则会比普通风效果更加强烈，同时导致照片发生更大的改变，如图 8-3-4 所示；而选择"飓风"效果，则会使整个照片发生变形，如图 8-3-5 所示。

图 8-3-3　　　　　　　　　　　图 8-3-4　　　　　　　　　　　图 8-3-5

　　风效果除了可以模拟风吹的效果，还可以配合其他命令对照片上的文字进行处理。导入另一张照片，在其上方输入文字，如图 8-3-6 所示。在文字图层上单击鼠标右键，在弹出的快捷菜单中选择"栅格化文字"命令，如图 8-3-7 所示，将其转换为图层。

图 8-3-6　　　　　　　　　　　　　　　图 8-3-7

然后选择"风"命令，即对文字实现风吹的效果，如图 8-3-8 所示。再选择"查找边缘"或者"等高线"命令，就能实现文字描边的效果了，如图 8-3-9 所示。

图 8-3-8

图 8-3-9

8.4　浮雕效果

　　本节讲解 PS 风格化滤镜中"浮雕效果"命令的使用方法。

　　利用"浮雕效果"滤镜可以产生一种凸起的画面效果，并且随着照片对比度的提高，浮雕效果将变得更加明显。打开 PS，将照片导入 PS，如图 8-4-1 所示。选择菜单栏中的"滤镜"—"风格化"—"浮雕效果"命令，如图 8-4-2 所示。

图 8-4-1

图 8-4-2

　　此时，会弹出"浮雕效果"对话框，并且照片会变成浮雕的效果，如图 8-4-3 所示。如果使用曲线将原图的对比度提高，如图 8-4-4 所示，则照片的浮雕效果会比之前更加明显，如图 8-4-5 所示。

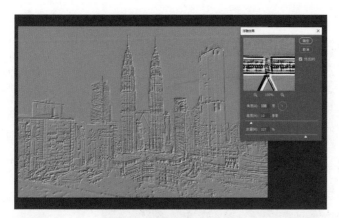

图 8-4-3

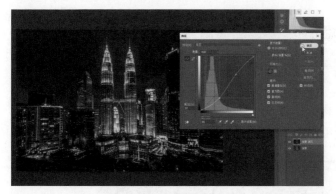

图 8-4-4

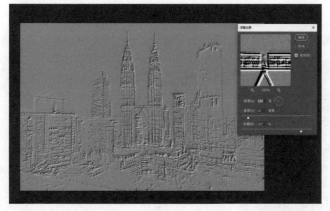

图 8-4-5

"角度"参数可以控制光源的照射方向，目前光源从上往下照射。调整"旋转"角度可以改变光源的照射方向，如图 8-4-6 所示。"高度"参数用于控制浮雕的凸起高度，但需要注意不要调整得过高，否则将显得非常虚假，如图 8-4-7 所示，"数量"参数用于控制照片颜色数量的百分比，即照片的细节级别。较小的"数量"值会使照片变得不太清晰，较大的"数量"值会使效果更明显。调整好"数量"值之后单击"确定"按钮，如图 8-4-8 所示。这样照片的浮雕效果就被制作出来了，如图 8-4-9 所示。

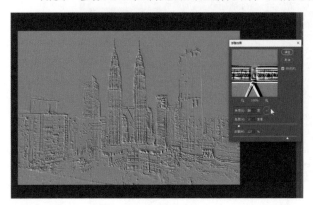

图 8-4-6

图 8-4-7

图 8-4-8

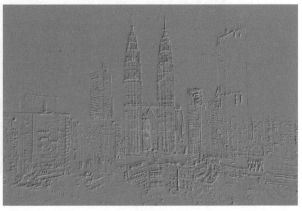

图 8-4-9

制作出浮雕之后，照片中会有一些杂色，选择菜单栏中的"图像"—"调整"—"去色"命令，如图 8-4-10 所示，可以将杂色去掉，如图 8-4-11 所示。

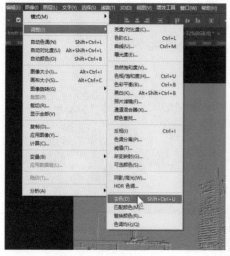

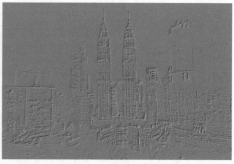

图 8-4-10　　　　　　　　　　　　　　　　　　图 8-4-11

8.5　扩散

本节讲解 PS 风格化滤镜中"扩散"命令的使用方法。

打开 PS，将照片导入 PS，如图 8-5-1 所示。接着选择菜单栏中的"滤镜"—"风格化"—"扩散"命令，如图 8-5-2 所示。

图 8-5-1　　　　　　　　　　　　　　　　图 8-5-2

此时，会弹出"扩散"对话框，在预览图中，可以观察到照片边缘出现了一种类似毛玻璃的效果，如图8-5-3所示。这是"扩散"的作用，它会扰乱照片的像素，从而产生类似磨砂玻璃的效果。

在"扩散"对话框下方的"模式"选项组中，可以选择不同的模式选项。选择"正常"单选按钮会随机移动像素，从而给照片的色彩边缘带来毛边效果。选择"变暗优先"单选按钮会用较暗的像素替换较亮的像素，如图8-5-4所示。选择"变亮优先"单选按钮则会用较亮的像素替换较暗的像素，如图8-5-5所示。选择"各向异性"单选按钮可以实现柔化图层的效果，使照片看起来更为柔和和模糊。

图 8-5-3

图 8-5-4

图 8-5-5

8.6 拼贴命令

本节讲解"滤镜"菜单中"拼贴"命令的使用方法。打开PS，将照片载入PS，如图8-6-1所示。选择菜单栏中的"滤镜"—"风格化"—"拼贴"命令，如图8-6-2所示，打开"拼贴"对话框，如图8-6-3所示，包括"拼贴数"及"最大位移"等参数，在"填充空白区域用"选项组中有 4 个单选按钮等。那么，这些参数都有什么作用呢？首先，"拼贴数"是用来设置照片高度的，"拼贴数"值越大，拼贴的数量就越多。"最大位移"指的是设置照片在原始位置到发生位移时的距离。

图 8-6-1

图 8-6-2

图 8-6-3

在"填充空白区域用"选项组中，选择"背景色"单选按钮，表示使用工具箱中设置的背景颜色填充。比如，选择黑色作为背景色，然后单击"确定"按钮，可以看到照片被划分成了很多方块，就像拼贴画一样，边缘空隙的地方被填充上了黑色，如图 8-6-4 所示。

选择"前景颜色"单选按钮，则使用设置的前景颜色。比如，设置绿色为前景色，然后将"拼贴数"设为 10、"最大位移"设为 20，方块即变大了。但是，由于使用了前景色，边缘空隙的颜色变成了绿色，如图 8-6-5 所示。

"反向图像"用于对空白区域的图像进行反向处理。换句话说，就是将原照片进行反向操作。将"拼贴数"设为 30、"最大位移"设为 10，照片即被进行了反向填充，如图 8-6-6 所示。此外，这些深浅不一的填充颜色包含蓝色、青色和灰色等，整体看起来像是一个拼图的效果。

图 8-6-4　　　　　　　　　图 8-6-5　　　　　　　　　图 8-6-6

选择"未改变的图像"单选按钮，则使用未改变区域进行填充。将"拼贴数"设为 90、"最大位移"设为 90。单击"确定"按钮，如图 8-6-7 所示，则羽毛区域呈许多小碎块效果，像进行了溶解处理一样，如图 8-6-8 所示。

图 8-6-7　　　　　　　　　　　　　图 8-6-8

与动物类照片一样，也可以针对风光、人像等其他题材使用这种方法。通过风格化滤镜中的拼贴制作拼图效果。需要注意的是，在进行拼贴之前，记得复制"背景"图层，否则，会直接在原图上面制作，损伤原图。如果复制一层，就可以在不损伤原图的前提下进行调整。

8.7　曝光过度

本节讲解"滤镜"菜单中"曝光过度"命令的使用方法。导入照片，然后复制"背景"图层，如图 8-7-1 所示。选择菜单栏中的"滤镜"—"风格化"—"曝光过度"命令，如图 8-7-2 所示。曝

图 8-7-1

光过度没有调整参数，相当于选择了照片的高光区域，并对其进行了复片效果的处理，如图 8-7-3 所示。

图 8-7-2

图 8-7-3

再复制一个"背景"图层，选择菜单栏中的"图像"—"调整"—"反相"命令，如图 8-7-4 所示，可以看到整张照片都进行了反相，如图 8-7-5 所示。而曝光过度只针对这个高光区域进行反向操作。

图 8-7-4

图 8-7-5

给曝光过度后的照片进行去色处理，如图 8-7-6 所示，去色之后照片会变成黑白照片。这时，再对照片进行反相处理，如图 8-7-7 所示。接着将"混合模式"改为"明度"，照片的效果就与之前大不相同了，如图 8-7-8 所示。

图 8-7-6

图 8-7-7

图 8-7-8

调整照片的对比度，将色阶加强一些，如图 8-7-9 所示。这样，处理后的效果比原图更具艺术感，更加令人舒适，处理花草或树木等照片也可以使用这种方法。

图 8-7-9

8.8　凸出

本节讲解"滤镜"中"凸出"命令的使用方法。导入一张霓虹灯照片，如图 8-8-1 所示。然后选择菜单栏中的"滤镜" — "风格化" — "凸出"命令，如图 8-8-2 所示，弹出"凸出"对话框，如图 8-8-3 所示。

| 图 8-8-1 | 图 8-8-2 | 图 8-8-3 |

　　"凸出"对话框中的参数有什么作用呢？首先介绍"类型"选项组中的参数。在"类型"选项组中，可以选择是将物体凸出形成一个块状，还是选择金字塔形状进行凸出。对于"大小"参数，可以在右侧的文本框中输入相应的数值，最小值是 2，最大值是 255。数值越大，生成的面积也相应增大。而"深度"选项则决定了对象凸起的高度。选择"随机"单选按钮，可以为每个块或金字塔设置一个随机的深度。而选择"基于色阶"单选按钮，则可以使每个对象的深度与其亮度相对应。也就是说，基底颜色越亮，突出效果就越明显。

　　在"凸出"对话框中，还有"立方体正面"和"蒙版不完整块"复选框。如果选择了块状类型，然后再选择"蒙版不完整块"复选框，单击"确定"按钮，如图 8-8-4 所示，可以看到制作出来放射状立方体的效果，如图 8-8-5 所示。

| 图 8-8-4 | 图 8-8-5 |

再导入一张苹果照片，在"凸出"对话框中勾选"立方体正面"复选框，在
"类型"选项组中选择"金字塔"单选按钮，将
"深度"设为 50，然后单击"确定"按钮。就会
形成类似拼贴画的效果，如图 8-8-6 所示。大家
也可以使用这种方法去制作一些文字。

8.9 油画

本节讲解"滤镜"菜单中"油画"命令的使
用方法。导入照片，如图 8-9-1 所示。选择菜单栏

图 8-8-6

中的"滤镜"—"风格化"—"油画"命令，如图 8-9-2 所示，弹出"油画"对话
框，如图 8-9-3 所示。

图 8-9-1   图 8-9-2   图 8-9-3

"油画"对话框最上方是预览框，下面为放大和缩小按钮。在"画笔"选项
组中，"画笔描边样式"用于调整画笔描边的样式，取值范围为 0~10。当数值为
10 时，描边会更加平滑，而当数值为 0 时，则描边更加粗糙。"描边清晰度"选
项用于调整描边的长度，用户可以选择让描边短一点、中等长度或最长。"缩
放"选项用于调整绘画表面的粗糙程度。取值范围为 0~10，当数值为 0 时，效果
较轻微，而当数值为 10 时，则效果更加厚重。"硬毛刷细节"选项用来调整画

笔的压痕明显程度。当数值为 0 时，效果不明显，而当数值为 10 时，则效果最强烈，如图 8-9-4 所示。

"光照"选项用于设置光照的角度，即光线的来源方向。"闪亮"选项用于调整光源的亮度和油画表面的反射量。闪亮度越高时，效果就会越强烈，如图 8-9-5 所示；闪亮度越低，效果会越弱，如图 8-9-6 所示。

图 8-9-4

图 8-9-5

图 8-9-6

大家需要根据画面的需要，调整适当的闪亮度，这样制作出来的效果会有油画的感觉，如图 8-9-7 所示。同时，也可以将它与之前的滤镜中的曝光过度进行叠加，从而获得更好的效果，如图 8-9-8 所示。如果仅使用单一的滤镜，则可能只能获得 30%~40% 的效果。通过与其他滤镜配合操作，可以达到更为完美的效果。

图 8-9-7

图 8-9-8

另外，"油画"滤镜还可以用于降噪。导入一张颗粒比较明显的照片，如图 8-9-9 所示。然后选择"油画"滤镜，将"光照"和"硬毛刷细节"去掉，然后将"描边样式"调整为较低的值。如果将"描边样式"值调得太高，整个照片会被磨平。接着通过适当调整"描边清洁度"和"缩放"值，可以看到，原本颗粒比较大的照片。使用"描边清洁度"对颗粒进行涂抹后颗粒变小，起到了降噪的作用，如图 8-9-10 所示。

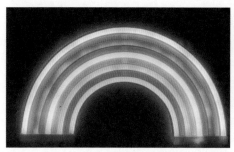

图 8-9-9

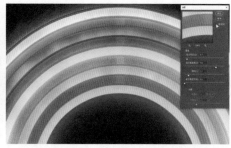

图 8-9-10

油画效果可以应用于各种类型的照片，不仅限于风景、动物和人像。在调整人像照片时，"闪亮"值不要设置得太高，否则效果可能不太好。

第9章 常规模糊滤镜效果

本章结合具体的照片，来讲解 PS 中常规"模糊"滤镜中各种命令的使用方法。

9.1 表面模糊

本节讲解"模糊"滤镜中"表面模糊"命令的使用方法。

首先打开 PS，将照片导入 PS，如图 9-1-1 所示。选择菜单栏中的"滤镜"—"模糊"—"表面模糊"命令，如图 9-1-2 所示。

图 9-1-1

图 9-1-2

弹出"表面模糊"对话框，如图 9-1-3 所示。勾选"预览"复选框后，可以查看调整完参数后的效果。"半径"参数用于控制照片的模糊程度，主要通过调整数值大小来实现。数值越大，模糊程度越高，如图 9-1-4 所示；数值越小，则模糊程度越低。

图 9-1-3　　　　　　　　　　　　　　　　　　　图 9-1-4

"阈值"选项用于控制相似像素的范围。当"阈值"数值较大时，选取的范围也较大，可以发现整个画面都变模糊了，如图 9-1-5 所示。当"阈值"数值较小时，选取的范围也较小，从而导致模糊效果相对较弱，如图 9-1-6 所示。

图 9-1-5　　　　　　　　　　　　　　　　　　　图 9-1-6

通过"表面模糊"滤镜可以保留边缘轮廓，而对其他像素进行模糊处理，常用于清理噪点或进行简单的人像磨皮。但如果将"半径"数值设置得非常高，高光和阴影部分也会被强烈地模糊，从而导致整个画面看起来比较平坦。因此，要选择合适的数值对照片进行适当的模糊。

需要注意的是，当将"阈值"调至最小值时，再对"半径"进行调整，画面就会没有效果。因为阈值已经缩到最小，导致选取的区域非常小，几乎可以说没有。所以，无论如何调整半径，整个画面都不会受到影响。因此，调整时也需要使用适当的阈值。

9.2　动感模糊

本节讲解"模糊"滤镜中"动感模糊"命令的使用方法。

首先打开 PS，将照片导入 PS，如图 9-2-1 所示。接着选择菜单栏中的"滤镜"—"模糊"—"动感模糊"命令，如图 9-2-2 所示。

此时，弹出"动感模糊"对话框，如图 9-2-3 所示。勾选"预览"复选框后，可以查看模糊后的照片效果。动感模糊主要是通过拉长照片的像素，使静态物体模拟出动态效果的。

图 9-2-1　　　　　　　　图 9-2-2　　　　　　　　图 9-2-3

"角度"参数用于控制模糊的方向，可以选择斜向、垂直或水平模糊，如图 9-2-4 所示。而"距离"参数用于调整照片的模糊程度，"距离"值越大，照片的模糊效果就越明显，如图 9-2-5 所示。

 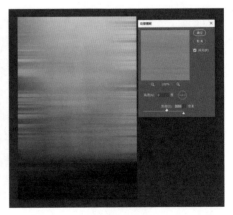

图 9-2-4　　　　　　　　　　　　　图 9-2-5

利用"动态模糊"滤镜可将照片制作成较为抽象的效果，也可用于创建倒影效果。导入另一张照片，如图 9-2-6 所示，复制"背景"图层以防止对原照片进行破坏。然后选择菜单栏中的"编辑"—"变换"—"垂直翻转"命令，如图 9-2-7 所示。

图 9-2-6

图 9-2-7

此时，照片会进行垂直翻转，如图 9-2-8 所示。然后选择"动感模糊"命令，对照片进行模糊处理。然后，单击复制图层前面的小方框，使其变为不可见状态。接着，使用矩形选框工具选择原图层的上半部分，如图 9-2-9 所示。

图 9-2-8

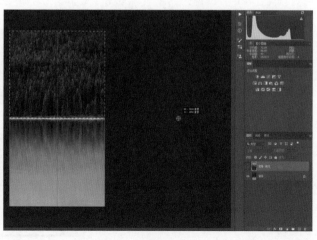

图 9-2-9

单击复制图层前面的小方框，使其变为可见状态。然后单击"图层"面板底部的"新建蒙版"按钮，增加一个蒙版，最后单击"反相"按钮，如图 9-2-10 所示，倒影就制作出来了，如图 9-2-11 所示。

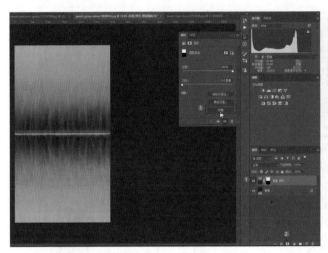

图 9-2-10

图 9-2-11

9.3 方框模糊

本节讲解"模糊"滤镜中"方框模糊"命令的使用方法。

打开 PS，将照片导入 PS，如图 9-3-1 所示。接着选择菜单栏中的"滤镜"—"模糊"—"方框模糊"命令，如图 9-3-2 所示。

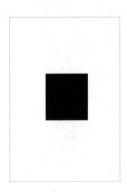

图 9-3-1

图 9-3-2

144

弹出"方框模糊"对话框。该对话框中只包含"半径"参数。通过"方框
模糊"滤镜会使照片形成方框状的模糊效果。"半径"参数决定了照片的模糊程
度，当"半径"数值较低时，照片会比较清晰，如图 9-3-3 所示。随着"半径"
数值的增加，照片的模糊程度也会增加，边缘形成了多个方框的模糊效果，如图
9-3-4 所示。

图 9-3-3

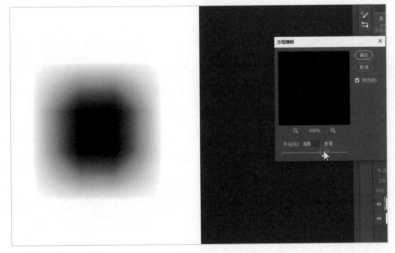

图 9-3-4

9.4　高斯模糊

本节讲解"模糊"滤镜中"高斯模糊"命令的使用方法。

"高斯模糊"滤镜是对整个照片进行模糊处理，常用于模糊阴影、景深或者磨皮。此外，它还可以用来制作柔光效果。打开 PS，将照片导入 PS，如图 9-4-1 所示。接着选择菜单栏中的"滤镜"—"模糊"—"高斯模糊"命令，如图 9-4-2 所示。

图 9-4-1　　　　　　　　　　　　　　　图 9-4-2

弹出"高斯模糊"对话框。与"方框模糊"类似，该对话框中也只有"半径"参数。"半径"控制着高斯模糊的模糊程度，如果数值过大，会导致边缘虚化，如图 9-4-3 所示。因此通常将其用于阴影的模糊处理。

将"半径"调整到合适的数值，然后单击"确定"按钮，如图 9-4-4 所示。然后将"混合模式"改为"滤色"，可以看到整个画面的效果变得非常柔和，如图 9-4-5 所示。高光区域呈现出非常柔和舒服的效果，而阴影区域的过渡也非常自然。因此，可以借助"高斯模糊"滤镜来制作梦幻和柔光的效果。

对人像照片进行"高斯模糊"处理后，再将"混合模式"改为"滤色"，可以制作出柔焦的效果，如图 9-4-6 所示。

图 9-4-3

图 9-4-4

图 9-4-5

图 9-4-6

9.5　进一步模糊

本节讲解"模糊"滤镜中"进一步模糊"命令的使用方法。

打开 PS，将照片导入 PS，如图 9-5-1 所示，照片整体呈现出非常强烈的锐化效果，尤其是亮部。此时可以使用"进一步模糊"滤镜改善照片的效果。选择菜单栏中的"滤镜"—"模糊"—"进一步模糊"命令，如图 9-5-2 所示。

进一步模糊操作是没有参数的，选择命令后即可对整个画面进行模糊处理，如图 9-5-3 所示。它的程度大约是标准模糊的 2~3 倍。当对照片进行过度锐化时，可以通过"进一步模糊"来适度减弱其锐化效果。

图 9-5-1

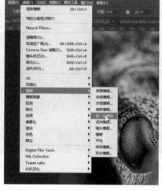
图 9-5-2

图 9-5-3

9.6 径向模糊

本节讲解"模糊"滤镜中"径向模糊"命令的使用方法。

打开 PS，将照片导入 PS，如图 9-6-1 所示。选择菜单栏中的"滤镜"—"模糊"—"径向模糊"命令，如图 9-6-2 所示。

图 9-6-1

图 9-6-2

弹出"径向模糊"对话框。"数量"选项用于控制照片的模糊程度。"模糊方法"包括"旋转"或者"缩放"。选择"旋转"选项，即进行圆形的模糊，如图 9-6-3 所示。选择"缩放"选项，即进行放射性的模糊，如图 9-6-4 所示。

图 9-6-3　　　　　　　　　　　　　图 9-6-4

在"品质"选项组中，可以选择"草图""好""最好"选项。如果选择"最好"选项，计算机的 CPU 会占用比较多，因此一般选择"草图"或者"好"选项。

将"模糊方法"设为"旋转"，"品质"设为"好"，调整合适的"数量"值，单击"确定"按钮，如图 9-6-5 所示。即对照片进行了模糊处理，如图 9-6-6 所示。

图 9-6-5　　　　　　　　　　　　　图 9-6-6

9.7　镜头模糊

本节讲解"模糊"滤镜中"镜头模糊"命令的使用方法。

打开 PS，将照片导入 PS，如图 9-7-1 所示。在进行模糊操作之前，需要先复制"背景"图层。如果直接在原图上进行模糊处理，那么原图将会被破坏。选择菜单栏中的"滤镜"—"模糊"—"镜头模糊"命令，如图 9-7-2 所示。

图 9-7-1

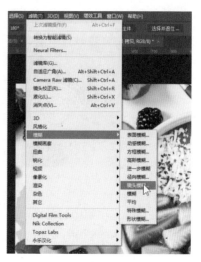

图 9-7-2

弹出"镜头模糊"对话框。对话框右侧有很多参数。勾选"预览"复选框，可以观察照片的模糊程度，有"更快"和"更加准确"两个选项。选择"更快"选项可以查看照片粗略的模糊效果，如图 9-7-3 所示；而选择"更加准确"选项则可以呈现更为精准的模糊效果，如图 9-7-4 所示。不过，如果计算机配置不是很高，选择"更快"选项即可。

图 9-7-3

图 9-7-4

　　在"深度映射"选项区域，在"源"下拉列表中可以选择不同的选项，如图 9-7-5 所示。也可以单击"设置焦点"按钮，在照片中手动选择焦点。如果调高"模糊焦距"值，可以使照片模糊的范围增大，如图 9-7-6 所示。勾选"反相"复选框可以反选选区。

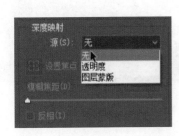

图 9-7-5

图 9-7-6

　　下面在"通道"面板中新建一个 Alpha 通道，此时可以看到整张图被覆盖了红色，这表示现在没有制作出该 Alpha 通道的选区，如图 9-7-7 所示。接下来选择画笔工具，将"前景色"设置为白色，并适当提高"不透明度"和"流量"值，略微调低"硬度"值，这样可以使得过渡效果更加自然。接着，对 Alpha 通道进行涂抹操作并观察涂抹效果，如图 9-7-8 所示。

图 9-7-7 图 9-7-8

先隐藏 Alpha 通道，然后选择 RGB 通道，并返回到"图层"面板，如图 9-7-9 所示。接下来选择"镜头模糊"命令，在"源"下拉列表中，多了一个 Alpha 通道。选择 Alpha 通道后，单击"设置焦点"按钮，在照片中单击选择焦点。此时可以看到单击过的照片区域变得清晰了，如图 9-7-10 所示。

图 9-7-9 图 9-7-10

在"光圈"选项区域，可以在"形状"下拉列表中选择模糊的边缘形状，如图 9-7-11 所示。"半径"用于设置最大模糊量，如果把"半径"值调到最大，则整个照片就变得非常模糊了，如图 9-7-12 所示。

"叶片弯度"用于控制光圈边缘的圆度。"旋转"参数用于设置光圈旋转量。在"镜面高光"选项区域，"亮度"参数用于设置高光亮度的提升量，数值越大，画面就越亮，如图 9-7-13 所示。

图 9-7-11　　　　　　　　　　　　　图 9-7-12

　　"阈值"参数用于设置要加亮的像素。如果"阈值"较小，选择加亮的区域范围就会更大；相反，若"阈值"较大，则加亮的范围会更小，也更为精确。

　　在"杂色"选项区域进行设置可以为画面添加颗粒效果。其中，"数量"参数代表每个像素的杂色量，数值越大，则表示杂色越多，并且杂色是彩色的，如图 9-7-14 所示。在"分布"选项组中，"平均"用于平滑杂色的分布，而"高斯分布"使用的是高斯杂色的分布方式。

　　勾选最下面的"单色"复选框，可以将添加的杂色改为灰色颗粒，如图 9-7-15 所示。以上是选择 Alpha 通道并进行镜头模糊的操作。

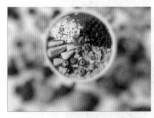

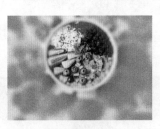
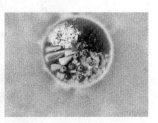

图 9-7-13　　　　　　　　图 9-7-14　　　　　　　　图 9-7-15

　　下面添加蒙版，然后进行镜头模糊操作。使用椭圆形选框工具框选选区，然后添加一个蒙版，如图 9-7-16 所示。选择"镜头模糊"命令，在"源"下拉列表中选择"图层蒙版"选项，如图 9-7-17 所示。

　　在调整"半径"参数之后，可能会发现模糊的过渡非常生硬，不自然，如图 9-7-18 所示。因此，需要对蒙版进行适当的羽化处理，以使其边缘显得更加柔和，如图 9-7-19 所示。

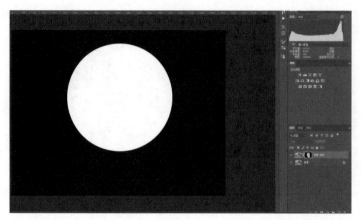

图 9-7-16

图 9-7-17

图 9-7-18

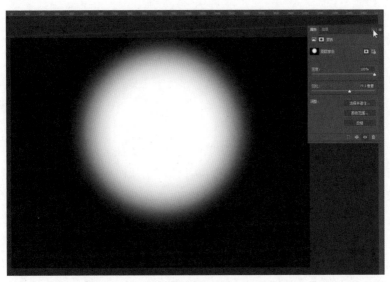

图 9-7-19

9.8　模糊

本节讲解"模糊"滤镜中"模糊"命令的使用方法。

打开 PS，将照片导入 PS，如图 9-8-1 所示。接着选择菜单栏中的"滤镜"—"模糊"—"模糊"命令，如图 9-8-2 所示。

图 9-8-1

图 9-8-2

"模糊"滤镜并不需要调整任何参数，选择完命令后，会直接对照片进行标准的模糊处理。那么，在什么场景下会使用"模糊"命令呢？通常情况下，当照片的锐化效果过强，存在明显痕迹时，可以使用"模糊"命令适度地对其进行模糊处理，以减弱照片原本的锐化效果。

9.9 平均

本节讲解"模糊"滤镜中"平均"命令的使用方法。

打开 PS，将照片导入 PS，如图 9-9-1 所示。从图中可以看出，这堵墙的表面比较凹凸不平。如果想要将其表面调整得比较平整，就可以使用"平均"命令。选择菜单栏中的"滤镜"—"模糊"—"平均"命令，如图 9-9-2 所示。

此时，即可对整个照片进行"平均"模糊处理，结果可以看到墙面上的坑洞区域都被有效地模糊掉了，如图 9-9-3 所示。这种方式可以迅速地使墙面看起来更加整洁。在拍摄建筑照片时，遇到墙面凹凸不平的情况，可以考虑使用"平均"命令进行处理。

图 9-9-1　　　　　　　　　　图 9-9-2　　　　　　　　　　图 9-9-3

9.10 特殊模糊

本节讲解"模糊"滤镜中"特殊模糊"命令的使用方法。

打开 PS，将照片导入 PS，如图 9-10-1 所示。接着选择菜单栏中的"滤镜"—"模糊"—"特殊模糊"命令，如图 9-10-2 所示。

图 9-10-1　　　　　　　　　　　　　　　图 9-10-2

弹出"特殊模糊"对话框，其中有许多参数。"半径"参数用于调节照片模糊的程度，数值越大，模糊效果越明显，如图 9-10-3 所示。在正常模式下，"阈值"参数决定了模糊的范围，较大的阈值意味着更广泛的模糊范围。当将阈值设为 100% 时，整个画面就会完全模糊掉，如图 9-10-4 所示。

在"品质"下拉列表中提供了低、中、高 3 个选项，如图 9-10-5 所示，代表了照片模糊的不同程度。"高"品质意味着更强烈的模糊效果，而"低"品质则表示模糊效果不太明显。

图 9-10-3　　　　　　　　　图 9-10-4　　　　　　　　　图 9-10-5

"模式"下拉列表中提供了不同的模式选项，如图 9-10-6 所示。"正常"模式是普通的模糊效果；而"仅限边缘"模式会将整个画面转化为黑白的线条，类似于使用黑白线条将整个照片勾勒出来。单击"确定"按钮后，照片将会呈现出类似素描画的效果，如图 9-10-7 所示。

　　"叠加边缘"是将"正常"模式和"仅限边缘"模式叠加的效果，在此模式下，不仅勾勒出了整个照片的边缘，同时还保留了模糊效果，如图 9-10-8 所示。

图 9-10-6　　　　　　　　　　图 9-10-7　　　　　　　　　　图 9-10-8

9.11　形状模糊

　　本节讲解"模糊"滤镜中"形状模糊"命令的使用方法。

　　打开 PS，将照片导入 PS，如图 9-11-1 所示。接着选择菜单栏中的"滤镜"—"模糊"—"形状模糊"命令，如图 9-11-2 所示。

图 9-11-1　　　　　　　　　　图 9-11-2

弹出"形状模糊"对话框，如图 9-11-3 所示。"半径"参数用于调节照片的模糊程度。此外，对话框下方还提供了一些可选择的形状，如"小船"或"花卉"等。通过使用这些形状，可以创建具有相应形状的模糊效果，如图 9-11-4 所示。

图 9-11-3

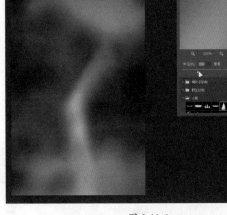

图 9-11-4

第 10 章　"模糊画廊"滤镜效果

本章结合具体的照片，讲解 PS "模糊画廊"滤镜中各种命令的使用方法。

10.1　场景模糊

本节讲解"滤镜"菜单中"场景模糊"命令的使用方法。

打开 PS，将照片导入 PS，如图 10-1-1 所示。接着选择菜单栏中的"滤镜" —"模糊画廊" —"场景模糊"命令，如图 10-1-2 所示。

图 10-1-1

图 10-1-2

此时，在画面中会出现一个圆点，可以按住鼠标左键拖动这个圆点。如果只有一个圆点，将对整张照片进行模糊处理。用户可以通过调整圆点圈外白色描边线来控制模糊的程度，如图 10-1-3 所示。

在"场景模糊"选项区域，如图 10-1-4 所示，"模糊"参数同样可以控制画面的模糊程度，数值越大，模糊效果越强烈。用户可以在照片中添加多个点，以控制不同区域的模糊程度。例如，如果想要图中的花朵清晰可见，就将该区域的模糊程度调低，而边缘部分则调高，如图 10-1-5 所示，这样做可以实现对不同区域的精细控制。

| 图 10-1-3 | 图 10-1-4 | 图 10-1-5 |

在调整好各部分的模糊程度之后，单击位于上方工具栏中的"提交"按钮，如图 10-1-6 所示，系统将对整个照片进行处理。

图 10-1-6

10.2　光圈模糊

本节讲解"滤镜"菜单中"光圈模糊"命令的使用方法。

打开 PS，将照片导入 PS，如图 10-2-1 所示，可以看到，这张照片的前景和远景还是比较清晰的。但是，如果只想让中心部分的三明治是清晰的，使用上一节介绍的"场景模糊"命令也可以实现，但比较麻烦。在这种情况下，可以使用"光圈模糊"命令来实现。选择菜单栏中的"滤镜"—"模糊画廊"—"光圈模糊"命令。

图 10-2-1

此时，画面中间会出现一个椭圆形。这个椭圆形代表了整个照片中的清晰区域。当椭圆形的边缘出现双向弯曲的箭头时，可以进行方向的旋转并调整其范围，如图 10-2-2 所示。当边缘出现双向箭头时，可以进行等比例的缩放，如图 10-2-3 所示。

161

调整完成后，看到椭圆内部有 4 个白点，如图 10-2-4 所示。这 4 个白点用于控制椭圆内部的模糊程度。如果将它缩小，可以看到模糊效果会慢慢过渡出去。最外部是最模糊的，向中心逐渐变得越来越清晰，形成了一个平滑的过渡效果。

图 10-2-2   图 10-2-3   图 10-2-4

通过调整圆点圈外白色描边线可以控制模糊效果的程度，如图 10-2-5 所示，也可以通过调整"光圈模糊"中的"模糊"参数来控制模糊效果，如图 10-2-6 所示。

通过椭圆边缘的菱形控制点可以调整椭圆的弧度，如图 10-2-7 所示，让其形成正方形或圆形的模糊效果，用户可以自由地控制。

图 10-2-5   图 10-2-6   图 10-2-7

10.3 移轴模糊

本节讲解"滤镜"菜单中"移轴模糊"命令的使用方法。

首先，大家需要了解什么是移轴效果。利用移轴效果可以创造一种微缩景观的效果。通常情况下，如果想要拍摄这种微缩景观效果，可能需要购买一个移轴镜头。然而，现在大家可以通过使用普通镜头并应用移轴模糊技术来制作这种微缩景观效果。

打开 PS，将照片导入 PS，如图 10-3-1 所示。然后选择菜单栏中的"滤镜"—"模糊画廊"—"移轴模糊"命令，如图 10-3-2 所示。

图 10-3-1

图 10-3-2

此时，图中会出现两条虚线和两条实线。那么，这些虚线和实线代表什么呢？实线代表着控制画面模糊边缘的范围，而虚线代表着进行模糊过渡的区域。虚线离实线越近，模糊过渡就显得越生硬，如图 10-3-3 所示。但是，如果将虚线向外拉，则可以过渡效果变得更加自然，如图 10-3-4 所示。

图 10-3-3

图 10-3-4

当将鼠标指针放在线上时，会出现一个双向箭头，这时可以通过控制箭头的偏移方向来调整效果。如果要进行旋转，可以将鼠标指针移到圆点处，然后就可以通过旋转操作对其进行倾斜偏移，如图 10-3-5 所示。

在右侧的"倾斜偏移"即移轴模糊选项区域，有多个参数用于调整，如图 10-3-6 所示。其中，"模糊"参数用于控制模糊的程度，而"扭曲度"选项则用于控制模糊的扭曲程度。如果勾选了"对称扭曲"复选框，那么扭曲效果将从两个方向应用，并且扭曲是对称的。

图 10-3-5

在"效果"面板中，还有许多参数可供调整，如图 10-3-7 所示。"光源散景"参数用于控制模糊的高光量，该值越大，画面中的高光部分就会出现许多白点，如图 10-3-8 所示。而"散景颜色"参数则用于控制照片中散景的色彩。

图 10-3-6

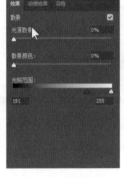

图 10-3-7

图 10-3-8

大家也可以调整光照范围，让其覆盖更多的暗部或亮度区域。如果将其黑色滑块滑动至最左侧，就会出现整个模糊区域过曝的情况，如图 10-3-9 所示。在调整好所有参数后，单击上方工具栏中的"确定"按钮，即可制作出微缩景观的效果，如图 10-3-10 所示。

图 10-3-9

图 10-3-10

10.4 路径模糊

本节讲解"滤镜"菜单中"路径模糊"命令的使用方法。

打开 PS，将照片导入 PS，如图 10-4-1 所示。然后选择菜单栏中的"滤镜"—"模糊画廊"—"路径模糊"命令，如图 10-4-2 所示。

图 10-4-1

图 10-4-2

此时，画面中将出现一个箭头，并带有 3 个控制点。用鼠标拖动这些控制点可以改变箭头的位置，可以从下往上、从右往左或从左往右拖动，如图 10-4-3 所示。另外，还可以调整箭头的弧度，使其呈 S 形曲线或波形模糊效果，如图 10-4-4 所示。

图 10-4-3

图 10-4-4

在右侧的"路径模糊"选项区域，有许多参数可供调整，如图 10-4-5 所示。

首先，以"基本模糊"为例，"速度"参数代表模糊的程度，数值越大，模糊程度越高，如图 10-4-6 所示。"锥度"参数可以控制模糊的方向。

在底部还有一个"居中模糊"复选框。如果不勾选该复选框，模糊效果会向一个方向逐渐扩散。然而，如果勾选了该复选框，模糊将会向两边同时扩散。当勾选了"边缘模糊形状"单选按钮后，画面中将出现一个红色箭头，该箭头代表的是终点速度，如图 10-4-7 所示。

图 10-4-5

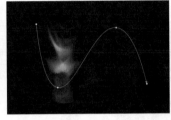

图 10-4-6

图 10-4-7

"路径模糊"中还有"后联同步闪光"选项，如图 10-4-8 所示。闪光灯的后联同步效果是先将一个画面定格拍摄，然后记录其移动轨迹。这种效果在确保主体清晰度的情况下，产生了一种拖尾的效果。用户也可以调整速度参数的数值，但无论如何调整，照片中的主体都会保持清晰，如图 10-4-9 所示。

图 10-4-8

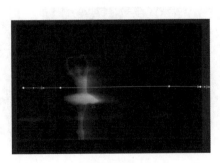

图 10-4-9

10.5　旋转模糊

本节讲解"滤镜"菜单中"旋转模糊"命令的使用方法。

打开 PS，将照片导入 PS，如图 10-5-1 所示。然后选择菜单栏中的"滤镜"—"模糊画廊"—"旋转模糊"命令，如图 10-5-2 所示。

图 10-5-1　　　　　　　　　　　　　　　　　图 10-5-2

此时，可以看到一个椭圆形，并且能显示模糊的效果，如图 10-5-3 所示。同时，还可以对其比例进行调整。它与光圈模糊有些相似，也由内部的 4 个控制点控制模糊的过渡，如图 10-5-4 所示。最后，可以通过调整"旋转模糊"中的"模糊角度"参数来调整模糊的角度，如图 10-5-5 所示。

图 10-5-3　　　　　　　　图 10-5-4　　　　　　　　图 10-5-5

第 11 章　锐化系列滤镜效果

本章结合具体照片来讲解 PS "锐化"滤镜中各种命令的使用方法。

11.1　USM 锐化

本节讲解"滤镜"菜单中"USM 锐化"命令的使用方法。

"USM 锐化"是一种通过提高照片边缘对比度来实现锐化照片的方法。它并不检测照片中的边缘，而是基于用户指定的阈值，找到与周围像素不同的像素。然后，它根据指定的数量提高邻近像素的对比度。因此，邻近较亮的像素将变得更亮，而较暗的像素将变得更暗。

打开 PS，将照片导入 PS。然后将照片放大至 100% 进行查看，可以发现画面中的一些细节并不十分清晰，如图 11-1-1 所示。这时可以使用"USM 锐化"命令对照片进行处理。选择菜单栏中的"滤镜"—"锐化"—"USM 锐化"命令，如图 11-1-2 所示。

图 11-1-1

图 11-1-2

此时，会弹出"USM 锐化"对话框。"数量"参数就相当于锐化值，决定了锐化的程度。当增大"数量"值时，整张照片的对比度会变得非常高，甚至可能导致颜色溢出，如图 11-1-3 所示。而将"数量"值调小后，整张照片大范围部分的对比度会有所提高，但效果并不会那么强烈，如图 11-1-4 所示。需要注意的是，如果"半径"参数过小，调节"数量"参数可能无法观察到照片的变化。

图 11-1-3

图 11-1-4

"半径"参数用于控制选择的范围，当"半径"值较小时，选择的范围也较小。而当"半径"值较大时，选择的范围也相应增大。通过搭配较小的"半径"和较高的"数量"值，可以获得细微的锐化效果，如图 11-1-5 所示。

图 11-1-5

"阈值"参数用于控制选择的颜色的色阶范围，范围通常为 0~255，当将"阈值"调整为 20 时，表示从 20~255 的范围都会被选中，并对所选区域进行锐化处理。如果增大"锐化"值，选取的范围就会变得更小，如图 11-1-6 所示。而当"锐化"值为 0 时，表示将选择整张照片的色阶范围进行处理，如图 11-1-7 所示。"阈值"可以与"半径"和"数量"参数结合使用，以调整锐化效果的范围。

图 11-1-6

图 11-1-7

选择合适的参数后，单击"确定"按钮，如图 11-1-8 所示，就可以看到整张图就变清晰了，如图 11-1-9 所示。

图 11-1-8

图 11-1-9

当在照片上直接使用"USM 锐化"命令时，可能会出现一个问题，即在锐化过程中容易产生一些杂色。这是因为"USM 锐化"提高了整个照片的对比度。如果原照片本身带有颜色，那么其颜色饱和度也会被提升。为了只提高照片的明暗对比度而不提高饱和度，应该怎么做呢？

将照片的"模式"转换为"Lab 颜色"，如图 11-1-10 所示，这是一个广色域的颜色模式。RGB 颜色模式有 RGB、红、绿、蓝 4 个通道，而 Lab 颜色模式有Lab、明度、a、b 共 4 个通道，如图 11-1-11 所示。其中，a 通道主要记录蓝色和黄色，而 b 通道主要记录红色和青色。

选择"明度"通道，然后直接在"明度"通道里进行 USM 锐化，这样只会提高照片的明暗对比度，而不会增强其颜色信息。

图 11-1-10　　　　　　　　　　　　　图 11-1-11

11.2　进一步锐化

本节讲解"滤镜"菜单中"进一步锐化"命令的使用方法。

打开 PS，将照片导入 PS。放大照片，可以观察到这张照片中的细节不够清晰，如图 11-2-1 所示。如果想要输出这张照片，打印出来时可能锐度不够。为了解决这个问题，可以对照片进行"进一步锐化"处理。

选择菜单栏中的"滤镜"—"锐化"—"进一步锐化"命令，如图 11-2-2 所示。"进一步锐化"没有任何参数，可以直接对照片进行锐化处理，如图 11-2-3 所示，它可以达到普通锐化的 2~3 倍。

图 11-2-1　　　　　　　　　图 11-2-2　　　　　　　　　图 11-2-3

那么，如何调整进一步锐化的强度？选择菜单栏中的"编辑"—"渐隐进一步锐化"命令，如图 11-2-4 所示，可以控制进一步锐化的强度。此时，会弹出"渐隐"对话框，如图 11-2-5 所示。

在"渐隐"对话框中，我们可以调节"不透明度"参数来控制锐化处理的强度。该参数的取值范围为 0~100，数值越低，变化效果越弱，当数值为 0 时，不会产生变化。将"不透明度"参数调整到合适的数值，单击"确定"按钮，如图 11-2-6 所示，这样照片的锐化效果就会减弱。

图 11-2-4   图 11-2-5   图 11-2-6

11.3　锐化

本节讲解"滤镜"菜单中"锐化"命令的使用方法。

打开 PS，将照片导入 PS。放大照片，可以看到照片不是特别清晰，如图 11-3-1 所示。使用"锐化"命令对照片进行处理，选择菜单栏中的"滤镜"—"锐化"—"锐化"命令，如图 11-3-2 所示。

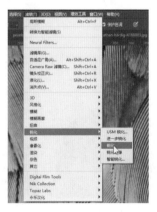

图 11-3-1   图 11-3-2

"锐化"没有任何参数，并且是基础的锐化。选择此命令后，会直接对照片进行锐化处理，如图 11-3-3 所示。对照片进行多次"锐化"处理后放大观察照片，可以看到，照片经过锐化处理后，颗粒变得更加明显，甚至出现了一些彩色噪点，如图 11-3-4 所示。

图 11-3-3

图 11-3-4

"锐化"功能具有破坏性，如果照片已经变得清晰，就不需要再进行锐化处理了。过度锐化会导致照片出现噪点，并会改变其颜色。

11.4　锐化边缘

本节讲解"滤镜"菜单中"锐化边缘"命令的使用方法。

打开 PS，将照片导入 PS，放大到 100% 进行查看，如图 11-4-1 所示。接着选择菜单栏中的"滤镜"—"锐化"—"锐化边缘"命令，如图 11-4-2 所示。"锐化边缘"的功能是寻找照片中对比度明显的边缘，找到这些边缘后，提高它们的对比度。

图 11-4-1

图 11-4-2

选择"锐化边缘"命令后，会直接对照片中边缘的线条进行强化，如图 11-4-3 所示。但是，如果连续使用多次"锐化边缘"功能，就会出现问题，照片边缘的对比度会变得过于强烈，从而导致出现一些杂色和白边，如图 11-4-4 所示。这是因为锐化处理会增强照片中的白色部分并压暗暗部，造成对比度过于强烈，进而引发白边和彩色噪点。

除了可以对建筑类的照片进行边缘锐化，也可以对动物的毛发进行同样的处理，因为动物的毛发也可以看作是一种边缘。通过应用"边缘锐化"功能，可以看到图 11-4-5 中狮子的毛发得到了强化。

图 11-4-3

图 11-4-4

图 11-4-5

11.5 智能锐化

本节讲解"滤镜"菜单中"智能锐化"命令的使用方法。

打开 PS，将照片导入 PS，如图 11-5-1 所示。先对照片进行"高斯模糊"处理，接着选择菜单栏中的"滤镜"—"锐化"—"智能锐化"命令，如图 11-5-2 所示。

图 11-5-1

图 11-5-2

此时，会弹出"智能锐化"对话框，其中有许多选项和参数，如图 11-5-3 所示。首先是"预设"下拉列表。大家可以将所调整的参数保存为预设，如图 11-5-4 所示，在下次使用时可以继续加载该预设。如果不保存预设，就需要每次手动进行参数调整。

图 11-5-3　　　　　　　　　　　　　　　　图 11-5-4

"数量"参数用于控制锐化的程度。较大的"数量"值会提高边缘像素之间的对比度，使整个画面看起来更加锐利，如图 11-5-5 所示。数值越大，锐化效果就越明显。"半径"参数决定了受锐化影响的像素数量，如果增大半径，那么选择的范围也会增大，从而使受影响的边缘区域变得更宽，如图 11-5-6 所示。

图 11-5-5　　　　　　　　　　　　　　　　图 11-5-6

"减少杂色"参数可以有效减少照片中不需要的杂色。如果过度使用锐化，很容易出现一些彩色噪点，此时可以通过减少杂色的方式进行去除。在"移去"

下拉列表中，可以选择不同的模糊效果，如图 11-5-7 所示。

在"阴影"选项区域，"渐隐量"参数用于调整阴影中的锐化量。"色调宽度"参数用于控制阴影或高光中的色调范围。当选择较小的"色调宽度"值时，会对较暗的区域进行阴影校正调整，如图 11-5-8 所示；反之，选择较大的"色调宽度"值，则会对较亮的区域进行阴影校正调整。

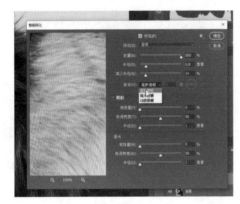

图 11-5-7

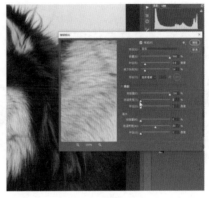

图 11-5-8

"半径"参数用于控制每个像素周围的区域大小。将滑块向左滑动表示选择较小的范围，而将滑块向右滑动则表示选择较大的范围。

下面的"高光"选项区域的参数与上面的类似，不过它们仅用于调整细微的阴影和高光部分，而不会对整体的高光和阴影进行调整。

智能锐化不像 USM 锐化那样强烈，它实际上是基于 USM 锐化的一种滤镜。调整好参数后，单击"确定"按钮。在未经调整的照片中，可以注意到边缘存在一些杂色，并且边缘的颗粒感较为明显。通过智能锐化，削弱了边缘的整体颗粒感，减少了杂色，使画面看起来更加自然，如图 11-5-9 所示。

图 11-5-9

当对照片应用"动感模糊"滤镜后，再应用"智能锐化"滤镜，这时可以在"移去"下拉列表中选择"动感模糊"选项。动感模糊是一种尝试减少由于相机或主体移动而导致的模糊效果的方法。如果选择了"动感模糊"选项，就需要设置"角度"来调整。

选择"动感模糊"选项后，就可以对"角度"参数进行调整了，如图 11-5-10 所示，它是根据照片的倾斜抖动角度进行调整的。然而，如果抖动过于严重，智能锐化也无法完全校正回来。

最后对照片应用"镜头模糊"滤镜，再应用"智能锐化"滤镜。当选择"镜头模糊"滤镜时，所有锐化的参数和呈现方式都会改变。它会检测照片中的边缘和细节，使用户能够对这些细节进行更精细的锐化，并减少锐化带来的光晕效果。但它不能对角度参数进行调整，如图 11-5-11 所示。

图 11-5-10

图 11-5-11

第 12 章　杂色系列滤镜效果

本章将结合具体照片讲解 PS 中"杂色"滤镜中各种命令的使用方法。

12.1　减少杂色

本节讲解"滤镜"菜单中"减少杂色"命令的使用方法。

打开 PS，将照片载入 PS。将照片放大，可以发现这张照片的品质并不是特别好，其中存在一些杂色，如图 12-1-1 所示。当遇到这种情况时，应该如何处理呢？大家可以使用"减少杂色"命令进行修复。选择菜单栏中的"滤镜"—"杂色"—"减少杂色"命令，如图 12-1-2 所示。

图 12-1-1　　　　　　　　　　　图 12-1-2

此时，会弹出"减少杂色"对话框，对话框左侧为预览框，右侧为调整框。调整框中包含"基本"和"高级"两个单选按钮。"强度"参数用于控制照片通道减少杂色的效果，当"强度"数值为 0 时，照片减少杂色的效果最弱，如图 12-1-3 所示。如果增大"强度"数值，那么照片减少杂色的效果就会更明显，如图 12-1-4 所示。

图 12-1-3　　　　　　　　　　　　　图 12-1-4

　　"保留细节"是用来控制照片中细节保留程度的参数。当将该值设置为 100%时，大部分照片细节都会被保留下来，如图 12-1-5 所示。然而，这也可能导致照片的噪点和杂色变多，并减弱减少杂色的效果。因此，大家需要谨慎选择一个合适的数值，以平衡细节保留和杂色减少之间的关系。

　　"减少杂色"可以用来消除照片中带有颜色的噪点。随着该参数值的增大，其减少带有颜色噪点的能力也会增强，如图 12-1-6 所示。当将该参数值设为最低时，照片的边缘仍会存在一些红色和绿色的噪点。

图 12-1-5　　　　　　　　　　　　　图 12-1-6

　　"锐化细节"是用来对照片进行锐化的。然而，如果将该参数调至最高值，会导致照片看起来非常不自然，如图 12-1-7 所示。因此，需要设置一个合适的数值。"移除 JPEG 不自然感"是用来去除照片中的杂色块的，使照片看起来更加自然。

　　下面讲解"高级"界面中的"每通道"选项。在"通道"面板中可以选择红、绿、蓝 3 种通道，用户可以分别对每个通道的噪点信息进行降噪处理，如图 12-1-8 所示。

图 12-1-7   图 12-1-8

12.2　蒙尘与划痕

本节讲解"滤镜"菜单中"蒙尘与划痕"命令的使用方法。

打开 PS，将照片载入 PS。放大照片，可以发现照片中有许多脏点，如图 12-2-1 所示，可以使用污点修复画笔工具或修补工具来去除照片中的脏点。如果脏点非常密集，使用这些工具可能会比较麻烦。本节介绍的"蒙皮与划痕"命令可以快速有效地去除照片中的脏点。

选择菜单栏中的"滤镜"—"杂色"—"蒙尘与划痕"命令，如图 12-2-2 所示，弹出"蒙尘与划痕"对话框，在该对话框上方可以预览照片，下方有"半径"和"阈值"两个参数，如图 12-2-3 所示。

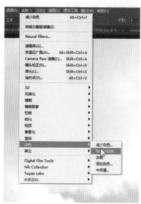

图 12-2-1   图 12-2-2   图 12-2-3

"半径"参数用于控制照片的模糊程度，也可视为去除脏点的程度。当将

180

"半径"参数值调至最大时，整个照片看起来都被磨平了，如图 12-2-4 所示。"阈值"参数用于保留照片细节，若将"阈值"设得较高，则照片的模糊效果会减弱，如图 12-2-5 所示。

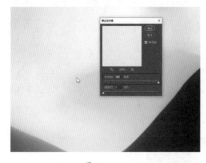

图 12-2-4　　　　　　　　　　　　　　图 12-2-5

将"半径"和"阈值"调整到合适的数值，然后单击"确定"按钮，如图 12-2-6 所示，就可以看到照片中的脏点就被去除掉了，如图 12-2-7 所示。

图 12-2-6　　　　　　　　　　图 12-2-7

这种方法主要适用于照片中存在大面积脏点的情况。使用"蒙尘与划痕"命令不仅可以去除这些脏点，还可以适当消除照片中的一些噪点。接下来导入另一张照片，该图中的噪点比较明显，如图 12-2-8 所示。选择"杂色"滤镜中的"蒙尘与划痕"命令，通过调整合适的参数，即可将照片中的噪点去除，如图 12-2-9 所示。

图 12-2-8　　　　　　　　　　图 12-2-9

12.3 去斑

本节讲解"滤镜"菜单中"去斑"命令的使用方法。

打开 PS，将照片载入 PS，如图 12-3-1 所示。接下来复制"背景"图层，并在复制的图层上进行操作。选择菜单栏中的"滤镜"—"杂色"—"去斑"命令，如图 12-3-2 所示。

"去斑"命令没有任何参数，选择该命令后会直接对照片进行处理，如图 12-3-3 所示。那么，在什么情况下使用它呢？当画面上的噪点不是很强烈时，可以直接使用"去斑"命令进行去除。

图 12-3-1

图 12-3-2

图 12-3-3

12.4 添加杂色

本节讲解"滤镜"菜单中"添加杂色"命令的使用方法。

打开 PS，将照片载入 PS，放大照片，可以看到照片中有摩尔纹，如图 12-4-1 所示。摩尔纹的出现有两种原因：一种是由于人们过度提升了画面的饱和度，导致色彩产生断层；另一种是由于人们过度降噪，使得整个过渡颗粒被磨平，从

图 12-4-1

而产生色彩的断层。因为色彩过渡是通过衔接不同颜色实现的，中间需要这些颗粒来进行过渡。

如果要去除摩尔纹，应该怎么做呢？首先复制"背景"图层，然后选择菜单栏中的"滤镜"—"杂色"—"添加杂色"命令，如图 12-4-2 所示，弹出"添加杂色"对话框。如果将"数量"参数值设得较高，则图中的杂色颗粒也会变得较多，如图 12-4-3 所示。

图 12-4-2

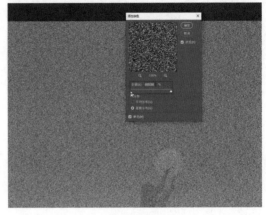

图 12-4-3

现在只是想去除照片边界的过渡效果，因此需要将数值调整在 3 以内，并选择"平均分布"或"高斯分布"单选按钮。重要的是，必须勾选"单色"复选框，如果不勾选，就会出现彩色杂色，如图 12-4-4 所示。最后单击"确定"按钮即可。

接下来进一步去除照片中的摩尔纹。首先使用"高斯模糊"滤镜对照片进行模糊处理，如图 12-4-5 所示。然后添加一个蒙版。再选择画笔工具，将"前景色"设置为白色，在断层处进行涂抹操作，如图 12-4-6 所示。完成后，我们可以看到摩尔纹已经成功去除了，如图 12-4-7 所示。

图 12-4-4

图 12-4-5

图 12-4-6　　　　　　　　　　　　　　　　　　　　图 12-4-7

　　还可以利用"添加杂色"命令来制作下雨效果。导入另一张照片，如图 12-4-8 所示。接着新建一个空白图层，然后填充为黑色。选择"添加杂色"命令，并将"数量"参数值稍微调高一点，大约调到 200 左右，单击"确定"按钮即可，如图 12-4-9 所示。

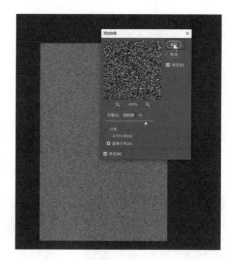

图 12-4-8　　　　　　　　　　　　　　　　　图 12-4-9

　　接着使用"动感模糊"命令对照片进行模糊处理，如图 12-4-10 所示。然后调整"色阶"来提高照片的对比度，如图 12-4-11 所示。最后，将"混合模式"改为"滤色"，并再次使用"高斯模糊"来进一步模糊照片，这样就可以制作出下雨的效果，如图 12-4-12 所示。

图 12-4-10　　　　　　　图 12-4-11　　　　　　　图 12-4-12

12.5　中间值

本节讲解"滤镜"菜单中"中间值"命令的使用方法。

打开 PS，将照片载入 PS，如图 12-5-1 所示。选择菜单栏中的"滤镜"—"杂色"—"中间值"命令，如图 12-5-2 所示。

图 12-5-1

图 12-5-2

此时，会弹出"中间值"对话框，其中只有一个"半径"参数。"半径"参数值越大，照片就越模糊。如果将其调到最大，照片就只剩下模糊的边缘，如图 12-5-3 所示。该参数是根据照片的细节进行模糊处理的。

使用"中间值"命令可以制作一些具有意境的黑白山水画效果。将"半径"调整到适当的数值，然后单击"确定"按钮，如图 12-5-4 所示。使用裁剪工具裁剪照片，如图 12-5-5 所示。

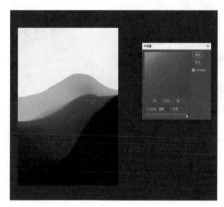
图 12-5-3

图 12-5-4

复制此图层，然后选择"编辑"—"自由变换"菜单命令，单击鼠标右键，选择"扭曲"命令，然后将照片往上拉伸，如图 12-5-6 所示，拉伸完成后就可以制作出水墨山水的效果，如图 12-5-7 所示。

图 12-5-5

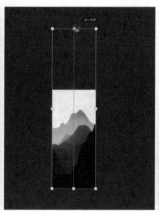
图 12-5-6

图 12-5-7

第 13 章　其他常用滤镜效果

本章将结合具体照片讲解 PS "其它" 滤镜中各种命令的使用方法。

13.1　HSB/HSL

本节讲解 "滤镜" 菜单中 "HSB/HSL" 命令的使用方法。

打开 PS，将照片载入 PS，如图 13-1-1 所示。然后复制 "背景" 图层，并在复制的图层上进行操作，接着选择菜单栏中的 "滤镜"—"其它"—"HSB/HSL" 命令，如图 13-1-2 所示。

图 13-1-1

图 13-1-2

HSB 代表的是色相、饱和度、明度，而 HSL 代表的是色相、饱和度、亮度。选择 "HSB/HSL" 命令后，会弹出 "HSB/HSL 参数" 对话框，有 "输入模式" 和 "行序" 两个选项组，如图 13-1-3 所示。在此对话框中，可以将转换照片模式。比如现在的照片是 RGB 色彩空间，可以将其转换为 HSB 的显示状态，整个照片都发生了变化，呈现出全是颜色的整体效果，如图 13-1-4 所示。

图 13-1-3

图 13-1-4

13.2 高反差保留

本节讲解"滤镜"菜单中"高反差保留"命令的使用方法。

打开 PS，将照片载入 PS，然后将其放大到 100%，放大之后可以发现照片不是特别清晰，如图 13-2-1 所示。

图 13-2-1

下面讲解如何使用"高反差保留"对照片进行锐化。先复制"背景"图层，然后选择菜单栏中的"滤镜"—"其它"—"高反差保留"命令，如图 13-2-2 所示，弹出"高反差保留"对话框。该命令会对照片的边缘进行计算处理，将不够清晰的边缘部分进行灰色填充。如果将"半径"参数值调大，边缘扩展的范围也会随之增大，如图 13-2-3 所示。

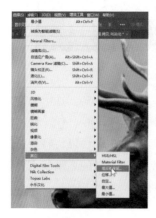

图 13-2-2

图 13-2-3

实际上，不需要将"半径"参数值调得太大，只要能够清晰地看到照片的边缘即可。然后，单击"确定"按钮，如图 13-2-4 所示，照片仍然呈灰色。将"混合模式"改为"柔光"，照片就有了锐化的效果，如图 13-2-5 所示。

图 13-2-4　　　　　　　　　　　　　　　　　图 13-2-5

如果觉得锐化效果不是很明显，可以再复制"背景"图层，继续使用"高反差保留"命令，然后使用较小的"半径"值，对照片的锐化效果进行加强。需要注意的是，如果过度使用"高反差保留"命令，会导致照片中出现噪点。

下面介绍如何使用"高反差保留"命令对照片进行柔和处理。导入另一张照片，如图 13-2-6 所示。由于照片上有很多云雾，因此这里不希望云雾过于清晰，所以需要对云雾进行柔化处理。

图 13-2-6

首先，对"背景"图层进行复制，然后对照片使用"高反差保留"命令，如图 13-2-7 所示。然后选择菜单栏中的"图像"—"调整"—"反相"命令，如图 13-2-8 所示，对照片做反相处理。

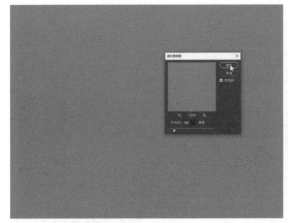

图 13-2-7   图 13-2-8

因为直接对照片使用"高反差保留"命令是锐化照片，对其进行反相就相当于做了柔化处理。然后将"混合模式"改为"柔光"。最后放大照片，可以看到照片的边缘和一些细节都被模糊处理了，如图 13-2-9 所示。

图 13-2-9

然而，本例只需对云雾等区域进行柔化处理。按住"Alt"键单击"图层"面板中的"创建蒙版"按钮，如图 13-2-10 所示，就可以在图层上添加一个黑色蒙版，以完全遮盖柔化效果。接下来将"前景色"设为白色，并使用画笔工具对需要柔化的部分，如云雾和远景山体，进行涂抹。最后，可以适当增加一些"羽化"值来完成处理，如图 13-2-11 所示。

图 13-2-10　　　　　　　　　　　　　　　图 13-2-11

13.3　位移

本节讲解"滤镜"菜单中"位移"命令的使用方法。

打开 PS，将照片载入 PS，如图 13-3-1 所示。然后选择菜单栏中的"滤镜"—"其它"—"位移"命令，如图 13-3-2 所示。

图 13-3-1　　　　　　　　　　　　　　　图 13-3-2

此时，会弹出"位移"对话框。首先，增加水平像素右移的数值，这样整个照片就向右移动了。然而，在移动完成后，会发现斑马的头部出现在照片的左边，如图 13-3-3 所示。接下来增加垂直像素下移的数值，这样整个照片就向下移动了。但是原本位于照片下半部分的内容现在折回到了上半部分，如图 13-3-4 所示。

图 13-3-3   图 13-3-4

在"未定义区域"选项组中，如果选择"设置为背景"，当对照片进行位移后，背景就显示出来了。由于现在的"背景色"是白色，所以移动照片后的背景是白色的，如图 13-3-5 所示。如果选择"重复边缘像素"单选按钮，对照片进行位移后，会对其边缘进行填充，如图 13-3-6 所示。如果选择"折回"单选按钮的话，那么照片移动出去的部分会通过另一个方向折回来。

图 13-3-5   图 13-3-6

那么，"位移"命令有什么作用呢？首先在照片的"通道"面板中选择

"红"通道,如图 13-3-7 所示。然后选择"位移"命令,将水平像素右移设为 30,将垂直像素下移设为 20,在"未定义区域"选项组中选择"重复边缘像素"单选按钮,最后单击"确定"按钮,如图 13-3-8 所示。

图 13-3-7

图 13-3-8

然后选择"绿"通道,再次选择"位移"命令,将水平像素右移设为 -30,将垂直像素下移设为 -20,如图 13-3-9 所示。最后再与原图对比,可以看到最终得到的是一个带有故障风格的照片,如图 13-3-10 所示。

图 13-3-9

图 13-3-10

13.4 自定

本节讲解"滤镜"菜单中"自定"命令的使用方法。

打开 PS，将照片载入 PS，如图 13-4-1 所示。然后选择菜单栏中的"滤镜"—"其它"—"自定"命令，如图 13-4-2 所示。

图 13-4-1

图 13-4-2

此时，会弹出"自定"对话框，如图 13-4-3 所示。对话框左边是预览图，对话框右边有许多方框，下方是"缩放"和"位移"参数。为了更好地理解这些参数，先使用吸管工具选择 8 个取样点，在右边的信息栏中能看到这些取样点的具体信息，如图 13-4-4 所示。

图 13-4-3

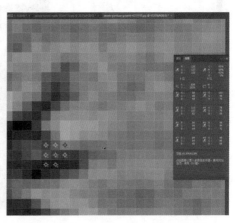

图 13-4-4

　　然后选择"自定"命令，将中间方框中的数值设为 2，其他方框中的数值设为 0。它可以将取样点的 RGB 参数都乘以 2，但取样点 1 的红色通道信息参数是 164，这是因为"缩放"参数值是 1，如图 13-4-5 所示。"缩放"参数可以使相乘的总和减掉了原本的数值，这里参数为 1 的话，就代表减去相应的 1 个参数。然后将右边方框的值设为 -1，可以看到整张照片的色彩信息发生了改变，这个 -1 代表取样点 1 减去它旁边取样点 2 的数值，并减去了 100，所以取样点 1 的红色通道的信息参数是 76，如图 13-4-6 所示。

图 13-4-5　　　　　　　　　　　　　　　　图 13-4-6

　　"位移"参数可以对照片信息进行加法运算，如果将"位移"参数值设置为 1，可以看到取样点 1 的红色通道的信息参数是 77，如图 13-4-7 所示。"自定"命令比较复杂，大家只做了解即可。

图 13-4-7

13.5　最大值

　　本节讲解"滤镜"菜单中"最大值"命令的使用方法。

　　打开 PS，将照片载入 PS，如图 13-5-1 所示。然后复制"背景"图层，并在复制的图层上进行操作。"最大值"的原理是对画面中的亮部区域进行扩大。我们选择菜单栏中的"滤镜"—"其它"—"最大值"命令，如图 13-5-2 所示。

图 13-5-1

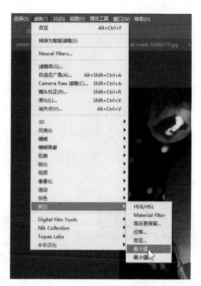

图 13-5-2

　　此时，会弹出"最大值"对话框。如果增大"半径"参数值，可以看到图中亮部区域的光斑也被加大了，如图 13-5-3 所示。如果"半径"参数值较小，照片几乎不会产生变化，如图 13-5-4 所示。

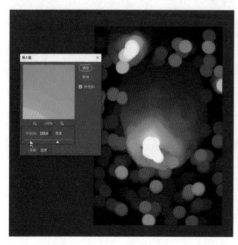

图 13-5-3

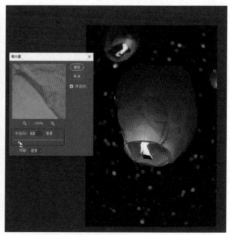

图 13-5-4

　　然后单击"确定"按钮，如图 13-5-5 所示。此时，整个照片中除了最黑的区域，其他地方都进行了加亮处理，如图 13-5-6 所示。

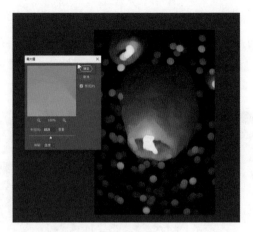

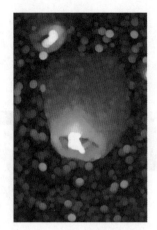

图 13-5-5 图 13-5-6

13.6 最小值

本节讲解"滤镜"菜单中"最小值"命令的使用方法。

打开 PS，将照片载入 PS，如图 13-6-1 所示。然后复制"背景"图层，并在复制的图层上进行操作。"最小值"的原理是将画面中的暗部区域进行扩大。

图 13-6-1

下面使用"最小值"命令制作素描画的效果。首先对照片进行"去色"处理，如图 13-6-2 所示。然后对照片进行"反相"处理，如图 13-6-3 所示。

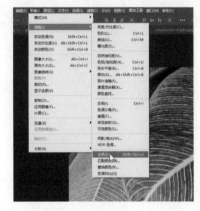

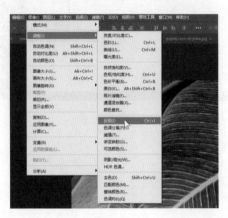

图 13-6-2 图 13-6-3

之后，将"混合模式"改为"颜色减淡"。接着找到绿色，然后选择菜单栏中的"滤镜"—"其它"—"最小值"，如图 13-6-4 所示，弹出"最小值"对话框。在"最小值"对话框中，通过调节半径参数可以控制暗部区域放大的像素，数值越大，效果就越强，如图 13-6-5 所示。

图 13-6-4

图 13-6-5

将"半径"参数调整到合适的数值，然后单击"确定"按钮，如图 13-6-6 所示，就制作出了素描画的效果，如图 13-6-7 所示。

图 13-6-6

图 13-6-7

第 14 章　图层混合模式

本章将结合具体照片讲解 PS 中不同图层混合模式的效果。

14.1　基础型混合模式

本节讲解 PS 混合模式中的基础型混合模式。

打开 PS，将照片载入 PS，如图 14-1-1 所示。在"图层"面板上方可以设置混合模式，如图 14-1-2 所示。此时，"混合模式"处于禁用状态，这时因为导入的是单张照片。

图 14-1-1

当将这张照片移动到另外一张照片上时，就可以使用混合模式了，如图 14-1-3 所示。打开"混合模式"下拉列表，可以看到里面有不同类型的混合模式，如图 14-1-4 所示。

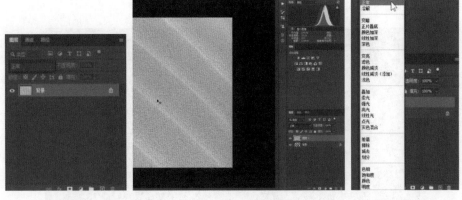

图 14-1-2　　　　　　　　图 14-1-3　　　　　　　　图 14-1-4

"正常"模式

首先讲解"正常"模式，如图 14-1-5 所示。这是一个普通模式，旁边有一个"不透明度"选项，可以控制照片的显现程度。100% 表示完全显示，50% 表示只显示照片的一半，另一半显示"背景"图层。"不透明度"越低，"图层 1"的照片就会显示得越弱，如图 14-1-6 所示。

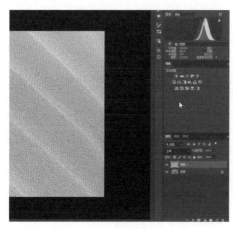 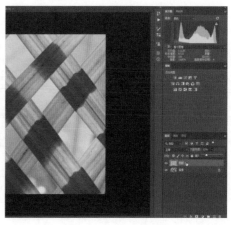

图 14-1-5　　　　　　　　　　　　图 14-1-6

底下还有一个"填充"选项。"不透明度"作用于整个图层，包括图层效果在内；"填充"则不会影响图层效果，它仅降低图层本身的不透明度，如图 14-1-7 所示。

双击图层，可以为图层添加样式，如图 14-1-8 所示。

图 14-1-7

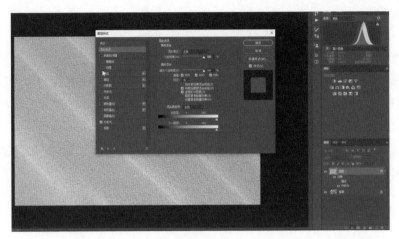

图 14-1-8

"溶解"模式

接下来讲解"溶解"模式，如图 14-1-9 所示。"溶解"模式与"正常"模式相比没有太大的差别。它保留了像素上的一些颗粒，相对于进行像素颗粒化处理。当将"不透明度"降低时，会出现晶块化的效果，如图 14-1-10 所示。

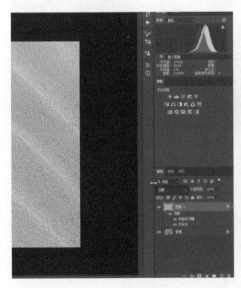

图 14-1-9

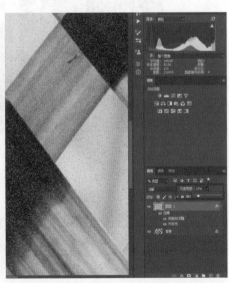

图 14-1-10

14.2 变暗型混合模式

本节讲解 PS 混合模式中的变暗型混合模式。变暗型混合模式的原理是对每个通道中的颜色信息进行查找，然后选择基色或混合色中较暗的颜色作为最终呈现的结果。因此，可以理解为它过滤掉了照片上的亮部信息，呈现出整个照片中较暗的颜色。

变暗型混合模式常用于替换天空。例如，当需要在一个明亮的天空上叠加云彩或太阳等元素时，可以使用变暗型混合模式。

"变暗"模式

打开 PS，将照片载入 PS。将一张云彩照片叠加到一张山景照片上，如图 14-2-1 所示。然后将"混合模式"改为"变暗"模式。这时，可以看到照片中较亮的区域进行了混合叠加，同时将整个山体上的山峰部分叠加掉了，如图 14-2-2 所示。

图 14-2-1   图 14-2-2

"正片叠底"模式

选择"正片叠底"模式进行混合，如图 14-2-3 所示。"正片叠底"模式的混合效果更自然。这时因为山景照片的天空部分比较亮，如图 14-2-4 所示。因此在这种情况下，当照片的亮度较高时，应该选择"正片叠底"模式。

图 14-2-3 　　　　　　　　　　　　　　　　　图 14-2-4

"颜色加深"模式

选择"颜色加深"模式进行混合，会给整个照片中的云彩部分带来一种涂抹感。尽管原本云彩具有细节，但使用"颜色加深"模式后，天空中云彩的细节就会消失，如图 14-2-5 所示。

"线性加深"模式

选择"线性加深"模式进行混合。"线性加深"是通过查找天空照片中每个通道的颜色信息，并降低其亮度来使原始基色变暗的，最终混合得到如图 14-2-6 所示的效果。混合的颜色与基色上面的白色混合不会产生变化。

图 14-2-5 　　　　　　　　　　　　　　　　　图 14-2-6

"深色"模式

选择"深色"模式进行混合。相对于之前的模式,"深色"模式稍微好一些。但是,如果背景照片较暗且带有杂色,使用"深色"模式进行混合,会保留原有的杂色效果,如图 14-2-7 所示。

图 14-2-7

14.3 变亮型混合模式

本节讲解 PS 混合模式中的变亮型混合模式。

变亮型混合模式的原理是在所有通道中查找颜色信息,并使用较亮的基色来替换照片中较暗的像素进行混合。

"变亮"模式

打开 PS,将照片载入 PS。接下来将一张森林的照片和一张人像照片进行混合,如图 14-3-1 所示。然后使用"变亮"模式,可以看到照片呈现出多重曝光的效果,如图 14-3-2 所示。然而,该模式的缺点在于人像与森林的边缘显示稍有问题。这是因为该模式只选择较暗的区域,而不是全局的暗部区域,导致其效果相对较弱。

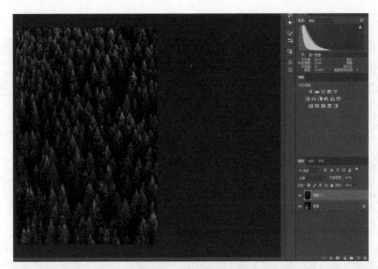

图 14-3-1

图 14-3-2

"滤色"模式

　　使用"滤色"模式进行混合后，可以观察到照片呈现完全不同的效果，如图 14-3-3 所示。"滤色"模式选择所有带有暗部的信息，并将其进行替换混合。这样做使得多重曝光的效果更加明显。

图 14-3-3

　　还可以再添加一张树林照片，如图 14-3-4 所示。然后使用"自由变换"命令进行旋转，并调节其位置及尺寸。最后将"混合模式"改为"滤色"，可以得到如图 14-3-5 所示的效果。

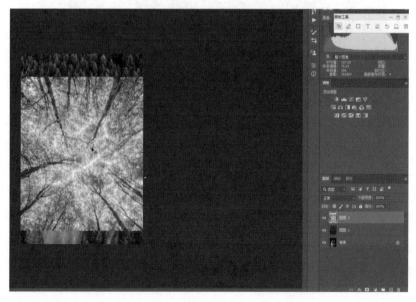

图 14-3-4

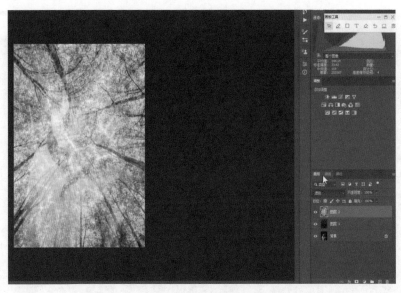

图 14-3-5

下面降低"图层 1"和"图层 2"的"不透明度"值，然后为"图层 2"添加一个蒙版，如图 14-3-6 所示。选择径向渐变，对人物的脸部进行渐变处理，使脸部更加清晰。接着为"图层 1"添加一个蒙版，使用黑色作为前景色，继续对人物的脸部进行渐变处理，这样就得到了三维的多重曝光效果，如图 14-3-7 所示。

图 14-3-6

图 14-3-7

甚至还可以再添加一张天空照片，如图 14-3-8 所示，然后选择"滤色"混合模式，最终效果如图 14-3-9 所示。

图 14-3-8

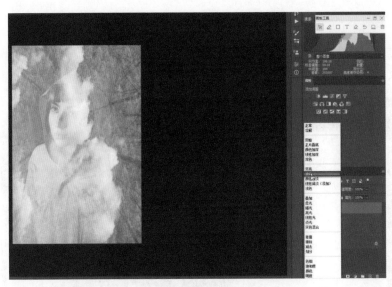

图 14-3-9

"颜色减淡"模式

如果使用"颜色减淡"模式，就能使照片呈现更强烈的多重曝光效果，如图 14-3-10 所示。

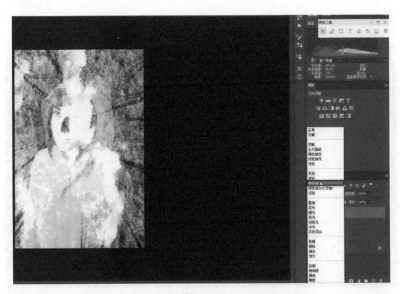

图 14-3-10

"线性减淡"及"浅色"模式

选择"线性减淡"及"浅色"混合模式，会得到如图 14-3-11 和图 14-3-12 所示的效果，但它们的混合效果不如"滤色"模式的效果好。

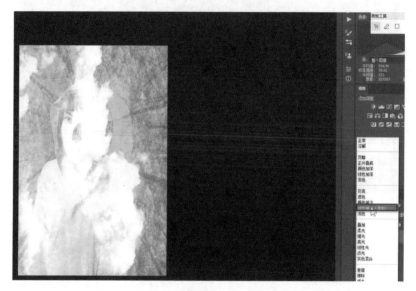

图 14-3-11

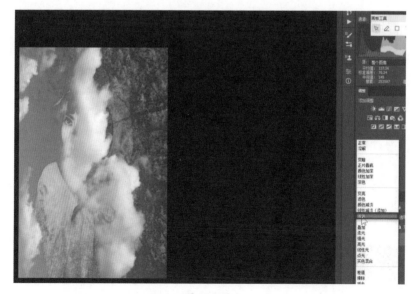

图 14-3-12

14.4　融合型混合模式

本节讲解 PS 混合模式中的融合型混合模式。

打开 PS，将照片载入 PS。然后将一张照片移动到另外一张照片上，如图 14-4-1 所示。接着复制"背景"图层，如图 14-4-2 所示。

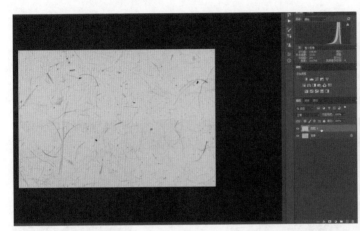 

图 14-4-1　　　　　　　　　　　　　　　图 14-4-2

接下来先介绍混合模式中的 3 个颜色名词。首先是基色，它指的是照片原稿颜色，即在不使用混合模式时的图层，也就是背景图层的颜色。将复制的"背景拷贝"图层重命名为"基色"，如图 14-4-3 所示。

混合色是指在对图层使用混合模式前，两个图层中上方图层像素的颜色，也就是"图层 1"的颜色，现在将其重命名为"混合色"，如图 14-4-4 所示。

结果色是指在使用混合模式后，基色和混合色相结合得到的颜色。

图 14-4-3　　　　　　　　　　　　　　　图 14-4-4

"叠加"模式

下面使用"叠加"模式进行混合。"叠加"模式的原理是将基色与混合色进行混合，生成一个中间色。如果基色比混合色更亮，那么"叠加"模式会提高较亮区域和较暗区域之间的对比度。然而，在处理黑色和白色像素时，"叠加"模式是不起作用的。

选择"正常"模式，照片完全展示上方图层的底纹，如图 14-4-5 所示。但是，使用"叠加"模式，可以观察到它给照片中偏灰的颜色进行了混合，如图 14-4-6 所示。因此，可以将"叠加"模式理解为一种提高对比度的效果，并且它还可以过滤照片中的灰色像素，即对色彩信息偏灰的区域进行混合处理。

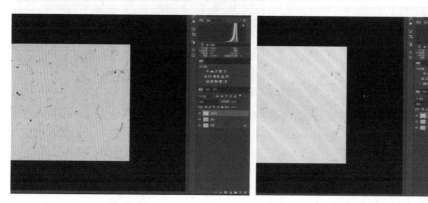

图 14-4-5   图 14-4-6

"柔光"模式

下面使用"柔光"模式进行混合，如图 14-4-7 所示。与"叠加"模式相比，"柔光"模式的效果并不那么强烈。使用"柔光"模式可以创建一种柔光照射的效果。"柔光"模式的原理是，如果混合色的亮度高于基色的亮度，那么生成的结果色将更亮；而如果混合色的亮度低于基色的亮度，则结果色将更暗。

"强光"模式

下面使用"强光"模式进行混合。为了更好地观察到基色与混合色的亮度对比，将照片向左移动。此时可以看到"强光"模式比"柔光"模式产生的效果更加明显，同时原图层上的底纹也相对保留更多，如图 14-4-8 所示。

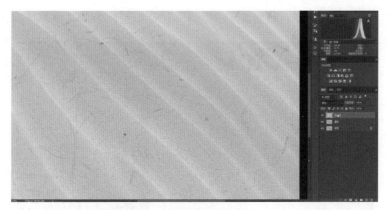

图 14-4-7

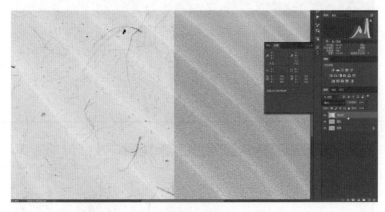

图 14-4-8

"强光"模式会创建一种强烈照射的效果。"强光"模式的原理是，如果混合色的亮度高于基色的亮度，则生成的结果色将更亮；如果混合色的亮度低于基色的亮度，则结果色将更暗。这个案例中，因为混合色的亮度比基色的亮度高，所以整张照片会变亮。

"亮光"模式

下面使用"亮光"模式进行混合。"亮光"模式的效果更强烈，如图 14-4-9 所示。"亮光"的原理是通过提高或降低对比度来加深或减淡照片的颜色。具体而言，取决于混合色相对于 50% 灰色的亮度，如果混合色比 50% 灰色亮，则通过降低对比度使整个照片变亮；而如果混合色比 50% 灰色暗，则通过提高对比度使照片变暗。而 50% 灰色其实就是中性灰，它的 R、G、B 参数值都是 128。

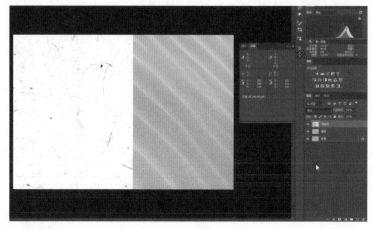

图 14-4-9

"线性光"模式

下面使用"线性光"模式进行混合，如图 14-4-10 所示。

图 14-4-10

"线性光"模式的原理与"亮光"模式的原理相同，都是根据 50% 灰色来进行判定的。如果混合色比 50% 灰色更亮的话，整个照片将会更亮；如果混合色比 50% 灰色更暗的话，整个照片将会更暗。

"点光"模式

下面使用"点光"模式进行混合，如图 14-4-11 所示，可以观察到"点光"模式的效果并不像之前的模式那么强烈，甚至有些淡。

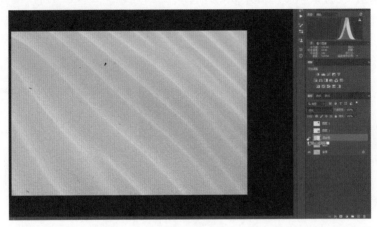

图 14-4-11

"点光"模式的原理实际上是颜色替换。具体取决于混合色与 50% 灰色的亮度对比。如果混合色比 50% 灰色亮，它将替换比混合色暗的像素；如果混合色比 50% 灰色暗，它将替换比混合色亮的像素。

"实色混合"模式

下面使用"实色混合"模式进行混合，如图 14-4-12 所示。

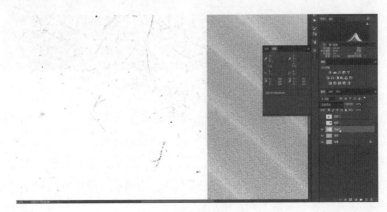

图 14-4-12

"实色混合"模式的原理是以 50% 灰色亮度为基准。当混合色比 50% 灰色亮时，它会使照片变亮。而如果混合色比50% 灰色暗，则会使照片变暗。本例图中混合色比 50% 灰色亮的区域变得非常亮，而混合色比 50% 灰色暗的区域变得非常暗，如图 14-4-13 所示。

图 14-4-13

14.5　色差型混合模式

本节讲解 PS 混合模式中的色差型混合模式。

"差值" 模式

下面使用"差值"模式进行混合，如图 14-5-1 所示。

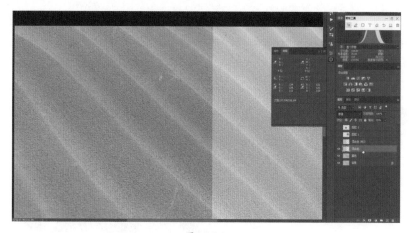

图 14-5-1

"差值"模式的原理是通过将混合色与基色对应通道的颜色值进行相减来生成结果色的。具体而言，它会分别比较混合色和基色在红、绿、蓝通道上的颜色信息，并将对应通道的混合色值减去基色值，得到结果色在该通道上的值。这个过程会在每个通道上独立进行，最终生成一个新的照片，其中每个像素的颜色是由混合色与基色在各个通道上的差值决定的。

下面将"填充"值调高，可以发现照片的整个亮度发生了反转，如图 14-5-2 所示。因为混合色的像素更亮，所以亮色的像素发生反转得到了暗色。

图 14-5-2

"排除"模式

下面使用"排除"模式进行混合，如图 14-5-3 所示。"排除"模式的效果与"差值"模式的效果相似，但对比度较"差值"模式缓和。

图 14-5-3

"排除"模式的原理是将混合色与基色对应通道的颜色值进行相减，然后将结果再进行一次相减操作。具体而言，对于每个通道（红、绿、蓝），先将混合色值与基色值相减，得到第一次相减的结果。然后，将这个结果再次与 255 进行相减，即 255 减去第一次相减的结果，得到最终的结果色值。

"减去"模式

下面使用"减去"模式进行混合，如图 14-5-4 所示。"减去"模式的效果是减弱颜色的饱和度和亮度，使照片变得更暗并降低对比度。

图 14-5-4

"减去"模式的原理是将混合色与基色对应通道的颜色值进行相减，得到结果色。具体而言，对于每个通道（红、绿、蓝），先将混合色值与基色值相减，得到结果色值。如果减去后的结果色值小于 0，则取 0 作为最终结果值。

下面重新创建一个混合色，并填充一种较暗的灰色，并使用"减去"模式，会得到如图 14-5-5 所示的效果。

图 14-5-5

"划分"模式

下面使用"划分"模式进行混合，如图 14-5-6 所示。当基色值大于混合色值时，"划分"模式的结果色为白色。当基色值小于混合色值时，"划分"模式的结果色为加深后的基色。

图 14-5-6

如果把混合色改为黑色，则整张照片都变成了白色，如图 14-5-7 所示。

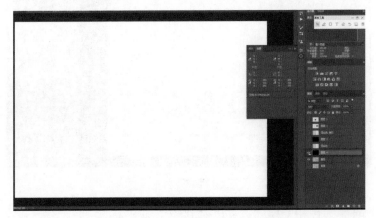

图 14-5-7

14.6　调色型混合模式

本节讲解 PS 混合模式中的调色型模式。

219

"色相"模式

打开 PS，将照片载入 PS，如图 14-6-1 所示。然后将一张照片移动到另外一张照片上，如图 14-6-2 所示。

图 14-6-1

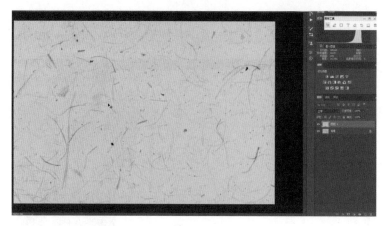

图 14-6-2

首先选择"色相"模式，可以看到整个照片上的颜色产生了变化，如图 14-6-3 所示。

"色相"模式的原理是将混合色与基色对应通道的色相值进行调整，得到结果色。具体而言，它保持了基色的亮度和饱和度，但将混合色的色相值应用于结果色。

为了观察得更加清楚，新建一个空白图层，并填充一种蓝色，如图 14-6-4 所示。然后将其混合模式改为"色相"，可以看到它的颜色发生了变化，如图

14-6-5 所示。所以，"色相"模式就是使用基色的明亮度及饱和度，但是不会改变混合色的色相。

图 14-6-3

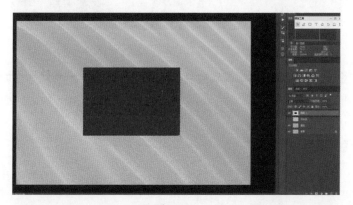

图 14-6-4

图 14-6-5

221

"饱和度"模式

下面使用"饱和度"模式进行混合，如图 14-6-6 所示。"饱和度"模式的原理是将混合色与基色对应通道的饱和度值进行调整，得到结果色。具体而言，它保持了基色的亮度和色相，但根据混合色的饱和度值来改变结果色的饱和度。

图 14-6-6

如果将混合色换成一种饱和度更高的颜色，那么可以看到结果色的饱和度也得到了加强，但无论如何改变混合色的颜色，结果色的色相也不会发生改变。

"颜色"模式

下面使用"颜色"模式进行混合，如图 14-6-7 所示，可以发现照片的颜色发生改变了。

图 14-6-7

"颜色"模式的原理是利用基色的明亮度，以及混合色的色相和饱和度来创建最终的结果色。也就是说，结果色的明亮程度由基色决定。如果基色较亮，则混合色也会发生改变，由深色变成淡色，如图 14-6-8 所示。

"明度"模式

下面使用"明度"模式进行混合，如图 14-6-9 所示，可以看到整个图像的颜色发生了改变，由原本的红色变成了棕色。

图 14-6-8

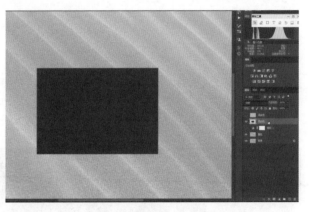

图 14-6-9

"明度"模式的原理是使用基色的色相和饱和度来改变混合色的明亮程度，最终得到结果色。如果将混合色的颜色改为绿色，可以发现照片会更亮，如图 14-6-10 所示。这是因为绿色的亮度值相较于红色会更高一些。

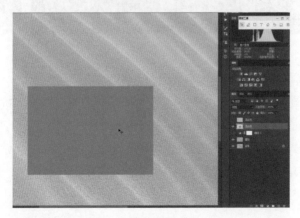

图 14-6-10

第 15 章　照片明暗调整命令

本章将结合具体照片讲解 PS 中照片明暗调整命令的使用方法。

15.1　亮度 / 对比度

本节讲解"亮度 / 对比度"命令的使用方法。

打开 PS，将照片载入 PS。在"调整"面板中，单击"亮度 / 对比度"按钮，如图 15-1-1 所示，弹出"亮度 / 对比度"的"属性"面板。在"属性"面板中有两个按钮，单击左边的按钮，可以调整属性，单击右边的按钮，可以调整蒙版属性，如图 15-1-2 所示。

图 15-1-1　　　　　　　　　　　　　　　　　　　图 15-1-2

下面讲解属性调整。属性调整界面包括"自动"按钮，以及"亮度"和"对比度"参数。单击"自动"按钮后，底下的参数会自动跟随画面进行调整，如图 15-1-3 所示。如果调整后的照片效果不符合预期要求，可以手动调整这些参数。

"亮度"参数用于控制整张照片的明亮程度，如图 15-1-4 所示。而"对比度"参数用于调整照片中亮部和暗部之间的对比度，数值越大，对比效果越明显，如图 15-1-5 所示。

图 15-1-3

图 15-1-4

图 15-1-5

15.2　色阶

本节讲解"色阶"命令的使用方法。

将照片导入 PS，然后单击"色阶"按钮，弹出"色阶"的"属性"面板，如图 15-2-1 所示。首先讲解"预设"下拉列表。在"预设"下拉列表中提供了一系列预定义的调整设置，如图 15-2-2 所示，可以将其快速应用到照片上，以改变照片的亮度、对比度和色彩平衡等。

图 15-2-1   图 15-2-2

比如选择"加亮阴影"选项，如图 15-2-3 所示，则照片中的阴影被提亮。而选择"较亮"选项，则会对照片中的亮部进行增强处理。选择"中间调较亮"选项，如图 15-2-4 所示，调整的是整个画面中灰色像素比较多的区域。选择"自定"选项，则要求用户自己设置参数。

图 15-2-3   图 15-2-4

在"属性"面板中单击"自动"按钮，Photoshop 会自动计算照片，并根据计算结果对参数进行调整，如图 15-2-5 所示。选择 RGB 通道，在如图 15-2-6 所示。因为当前照片使用的是 RGB 模式，即通过混合红、绿、蓝 3 种颜色来生成照片。因此，选择 RGB 通道进行调整会对整个照片进行全局调整。

图 15-2-5

　　同时，也可以单独调整红、绿、蓝通道，如图 15-2-7 所示。在面板下方可以控制输出色阶，即通过控制输出色阶控制照片中最暗及最亮的色阶。如果不进行调整的话，其原始数值是 0，如图 15-2-8 所示。

图 15-2-6　　　　　　　　　　图 15-2-7　　　　　　　　　　图 15-2-8

　　如果照片暗部的数值已经接近 0，那么在加深暗部后，会得到纯黑色，如图 15-2-9 所示。为了避免出现这种情况，需要调整"输出色阶"值，它可以起到保护照片细节的作用，调整黑色滑块可以保护画面暗部的细节，调整白色滑块可以保护画面亮部的细节。

左侧还有 3 个吸管工具，第 1 个吸管工具用于设置照片中的黑场。使用这个吸管工具可以在照片上选择自认为最暗的区域，如图 15-2-10 所示。吸取完成之后，即可确定照片黑色色阶的位置。

图 15-2-9　　　　　　　　　　　　　　　图 15-2-10

第 2 个吸管工具用于设置照片中的灰场。使用它可以在照片上选择一些偏向于中性灰色的区域，如图 15-2-11 所示。第 3 个吸管工具用于设置照片中的白场，使用它可以在照片上选择最亮的区域。当设置完这 3 个参数后，可以发现照片的色温调整回来了，如图 15-2-12 所示。所以大家可以通过设置黑场、白场和灰场来调整色温，使其接近拍摄时的真实色温。这样做可以避免照片出现色彩偏差，让画面保持准确的色温。

图 15-2-11　　　　　　　　　　　　　　　图 15-2-12

　　下面讲解"属性"面板最底下一排的功能按钮。新建 3 个图层，为"图层 3"填充白色充当背景图层，在"图层 1"创建红色和绿色矩形，在"图层 2"创建蓝色矩形，如图 15-2-13 所示。当调节色阶参数时，会看到所有图层上的矩形都会受到影响，如图 15-2-14 所示。

图 15-2-13

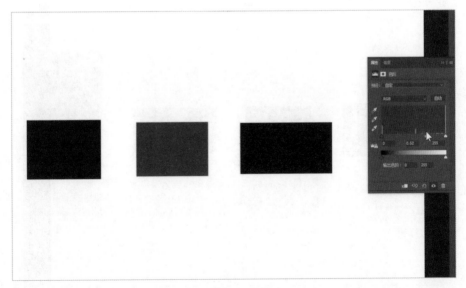

图 15-2-14

单击第 1 个功能按钮，如图 15-2-15 所示，再调节照片的亮部和暗部，可以看到只对"图层 2"中的蓝色矩形起作用，而"图层 1"上的矩形不受影响，如图 15-2-16 所示。所以这个功能只对下方的图层起作用。当需要进行局部调整时，可以使用此功能按钮。

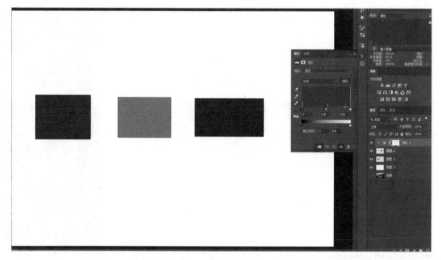

图 15-2-15

图 15-2-16

当使用鼠标单击第 2 个功能按钮并按住鼠标左键不松时，可以观察到操作上一步的状态，如图 15-2-17 所示。松开鼠标后，可以看到照片最终调整的效果。第 3 个按钮的功能是复位参数至默认值，单击第 3 个功能按钮后，可将调整的参数值恢复到默认值，如图 15-2-18 所示。

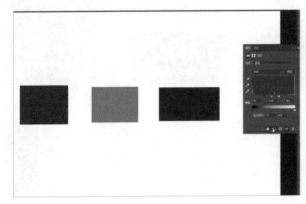

图 15-2-17　　　　　　　　　　　　　　　　图 15-2-18

第 4 个按钮的功能是查看预览效果，单击该按钮后，可以预览照片，如图 15-2-19 所示。第 5 个按钮的功能是删除当前调整图层，单击该按钮后，会弹出一个提示框，如图 15-2-20 所示，单击"是"按钮就可以将调整图层删除。

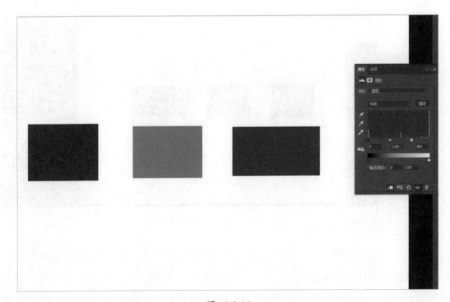

图 15-2-19

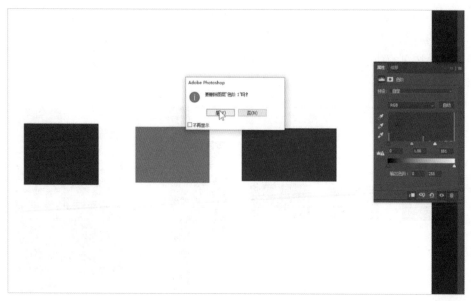

图 15-2-20

在"属性"面板中，还有一个"蒙版"按钮，如图 15-2-21 所示。将 3 个矩形合并到同一图层，如图 15-2-22 所示。若只想对蓝色矩形进行调整，就可以使用图层蒙版。

图 15-2-21 图 15-2-22

为蓝色矩形创建蒙版，就可以单独对创建蒙版的调整图层进行调整。此时，白色区域是能够调整的区域，而黑色遮挡的区域无法对其进行调整，如图 15-2-23 所示。"密度"参数用于调整周围遮盖区域的不透明度。当将"密度"参

数设定为 100% 时，周围区域完全不透明，呈纯黑色。而将"密度"参数降低到
50%，周围区域则呈灰色，如图 15-2-24 所示。

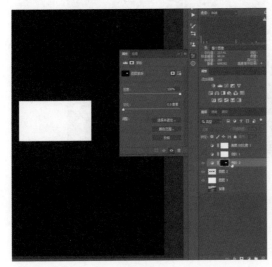

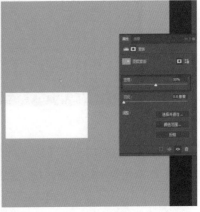

图 15-2-23　　　　　　　　　　　　　　　　图 15-2-24

"羽化"参数用于对蒙版周边进行柔化处理，以削弱其边缘的锐利度。通常
情况下，蒙版的边缘可能显得比较生硬，如图 15-2-25 所示。但是设置"羽化"
参数后，蒙版边缘的过渡会变得更加自然和平滑，如图 15-2-26 所示。

图 15-2-25　　　　　　　　　　　　　　　　图 15-2-26

"选择并遮住"功能则根据蒙版对照片进行优化，常用于抠图。使用"颜色
范围"参数，可以选取蒙版的范围，用户还可以通过调整"颜色容差"使蒙版的
范围更加精确，如图 15-2-27 所示。

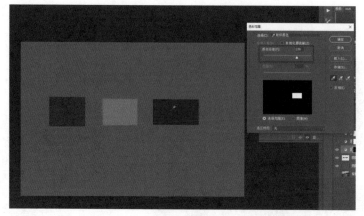

图 15-2-27

"反相"功能用于对蒙版进行反向选择，本来只能控制蓝色矩形区域，如果想要控制蓝色矩形以外的区域，就可以单击"反相"按钮。

15.3 曲线

本节讲解"曲线"命令的使用方法。

将照片导入 PS，然后单击"曲线"按钮，弹出"曲线"的"属性"面板，如图 15-3-1 所示。首先讲解"预设"下拉列表，"预设"下拉列表中提供了一些常用的色调和亮度调整效果，如图 15-3-2 所示。选择这些预设选项可以快速应用特定的调整曲线，以达到不同的照片效果。

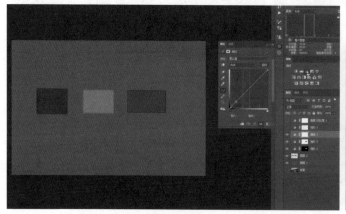

图 15-3-1

图 15-3-2

下边介绍面板中的其他工具。单击工具图标之后，出现一个吸管工具。当将吸管移动到照片上时，可以看到调整图上面会出现一个圆点，如图 15-3-3 所示。将吸管工具移动到不同颜色的区域时，圆点的位置也不一样。当想要调整背景图层的颜色亮度时，只需按住鼠标左键不放，就会出现了一个双向箭头。上下移动双向箭头就可以调整背景图层的颜色亮度，如图 15-3-4 所示。

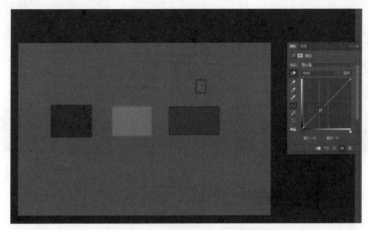

图 15-3-3

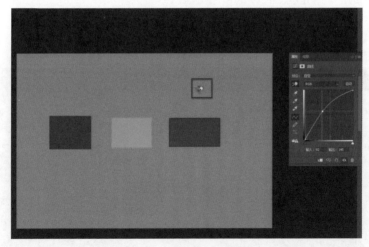

图 15-3-4

■右边是颜色通道下拉列表，用户可以选择不同的颜色通道，如图 15-3-5 所示。通过调整曲线可以调整照片的明暗程度，如图 15-3-6 所示。

面板中还有 3 个吸管工具，如图 15-3-7 所示。使用最上面的吸管可以在照片中取样以设置黑场，使用中间的吸管可以在照片中取样以设置灰场，使用最下面的吸管可以在照片中取样以设置白场。

  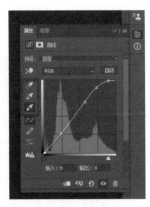

图 15-3-5 　　　　　　　　图 15-3-6 　　　　　　　　图 15-3-7

15.4　曝光度

本节讲解"曝光度"命令的使用方法。

打开 PS，将照片导入 PS。然后单击"曝光度"按钮，弹出"曝光度"的"属性"面板，其中有许多参数，如图 15-4-1 所示。

图 15-4-1

首先介绍"预设"参数。在"预设"下拉列表中，有 PS 提供的一些默认设置，可以帮助用户更快速地完成曝光度的调整，如图 15-4-2 所示。比如，选择"减 1.0"选项，可以将照片的曝光度降低一个数值，即"曝光度"的值为 –1.00，如图 15-4-3 所示；而"减 2.0"就是将照片的曝光度降低两个数值，"曝光度"的值为 –2.00；"加 1.0"是将照片的曝光度增加一个数值，"曝光度"的值为 +1.00。

图 15-4-2　　　　　　　　　　　　　　　　　图 15-4-3

下面介绍"曝光度"参数。"曝光度"是用来控制画面明亮程度的参数。较大的"曝光度"值会使画面变得更亮，而较小的"曝光度"值则会使画面变得较暗。曝光度主要影响画面的高光部分。当增大"曝光度"值时，高光部分的变化会很明显，但阴影部分基本没有变化，如图 15-4-4 所示。

图 15-4-4

接下来介绍"位移"参数。它主要用于调整照片中的暗部和中灰区域，对高光区域的影响比较小。其值越大，照片的暗部会变得越明亮，如图 15-4-5 所示；反之，其值越小，照片的暗部就会变得越暗，如图 15-4-6 所示。

图 15-4-5   图 15-4-6

"灰度系数校正"参数主要用于调整照片的中间调，而对阴影和高光区域的影响相对较小。它主要针对照片的灰色区域进行调整。当将滑块向左移动时，数值变大，照片的中间调就会变得更亮，如图 15-4-7 所示；反之，当将滑块向右移动时，数值变小，照片的中间调就会变暗，如图 15-4-8 所示。

图 15-4-7   图 15-4-8

　　面板底部有 3 个吸管工具，它们的作用分别是在照片中取样以设置黑场、灰场和白场。选择最右边的吸管，吸取照片中最亮的部分来定义白场，如图 15-4-9 所示；中间的吸管用来定义灰场；最左边的吸管用来定义黑场。吸取完颜色后，PS 会自动对照片进行调整。

图 15-4-9

第 16 章　照片色彩调整命令

本章将结合具体照片讲解 PS 中照片色彩调整命令的使用方法。

16.1　自然饱和度

本节讲解"自然饱和度"命令的使用方法。

打开 PS，将照片导入 PS。然后单击"自然饱和度"按钮，弹出"自然饱和度"的"属性"面板，如图 16-1-1 所示。"属性"面板中只有"自然饱和度"和"饱和度"两个参数。

图 16-1-1

"饱和度"用于调整画面整体颜色鲜艳程度。当提高"饱和度"值时，整张照片的颜色会变得更加强烈，如图 16-1-2 所示。而"自然饱和度"则针对一些色彩不太明显的区域进行调整，保护颜色已经饱和的区域，可以将其视为微调操作，如图 16-1-3 所示。

图 16-1-2

图 16-1-3

　　如果将"自然饱和度"值降到最低,照片仍会保留颜色,如图 16-1-4 所示。但是如果将"饱和度"值降至最低,则整张照片的所有颜色都会被去除,如图 16-1-5 所示。

图 16-1-4

图 16-1-5

16.2　色相 / 饱和度

本节讲解"色相 / 饱和度"命令的使用方法。

打开 PS，将照片导入 PS。然后单击"色相 / 饱和度"按钮，弹出"色相 / 饱和度"的"属性"面板，如图 16-2-1 所示。

图 16-2-1

首先介绍预设参数。在"预设"下拉列表中有许多软件自带的预设参数，可以帮助用户更快速地完成照片的调整，如图 16-2-2 所示。下面是目标调整工具，单击该工具按钮后鼠标指针呈吸管状。此时可以使用吸管来采集画面上的颜色，例如使用吸管采集天空的颜色，在目标调整工具右侧的下拉列表中会显示"青色"，如图 16-2-3 所示。

图 16-2-2

图 16-2-3

采集照片颜色后，可以在下方调整"色相"和"饱和度"。色相是指照片整体像素的色彩信息。调整色相参数，整张照片的颜色都会发生变化，如图 16-2-4

所示。而"饱和度"则是指照片整体颜色的鲜艳程度。若将"饱和度"参数调至最大，则画面中原饱和度较高的色彩就会丢失大量颜色信息，如图 16-2-5 所示。

图 16-2-4

图 16-2-5

下方是"明度"参数。明度指的是色彩的纯度。当增加"明度"值时，颜色会向白色偏移。例如，将"明度"调到 100 时，图中所选取的红色区域会变为白色，如图 16-2-6 所示；相反，如果减小"明度"值，颜色会逐渐接近黑色，如图

16-2-7 所示。

图 16-2-6

图 16-2-7

接下来是 3 个吸管工具，用于进行色彩取样，但它们当前处于禁用状态。这是因为本例选择了"全图"颜色，如图 16-2-8 所示。在照片上创建 3 个不同深度的红色区域。然后使用目标调整工具吸取红色，并使用最左边的吸管工具对最左边的红色区域进行取样，下方的颜色条会显示相应的色彩信息，如图 16-2-9 所示。

图 16-2-8

图 16-2-9

　　再创建一个黄色和一个蓝色区域。由于选择了"红色"选项，所以在调整"色相"时，只有这几个红色区域会发生变化。然而，如果使用带有加号的吸管工具吸取蓝色区域，如图 16-2-10 所示。那么在调整"色相"时，蓝色区域也会产生变化，但黄色区域则不会受到影响。如果使用带有减号的吸管工具再次单击蓝色区域，那么在调整"色相"时，蓝色区域将不再发生变化。

图 16-2-10

　　最后是"着色"选项。当拖动"色相"滑块选择了橙色，并勾选了"着色"复选框后，增加"饱和度"值。"饱和度"值越高，颜色越浓郁。然而，需要注意的是，这个调整只会影响橙色，所以可以看到整张照片都变成了橙色调，如图16-2-11 所示。如果拖动"色相"滑块选择蓝色，并增加"饱和度"值，照片就会变成蓝色调，如图 16-2-12 所示。

图 16-2-11

图 16-2-12

16.3 色彩平衡

本节讲解"色彩平衡"命令的使用方法。

色彩平衡是利用补色原理来调整照片颜色的，其主要作用是更改整张照片的颜色混合效果。打开 PS，将照片导入 PS。然后单击"色彩平衡"按钮，弹出"色彩平衡"的"属性"面板，如图 16-3-1 所示。

图 16-3-1

在"色调"下拉列表中，可以选择"阴影""中间调"或"高光"，如图 16-3-2 所示。"阴影"用于控制画面中最暗的部分，所以阴影部分应该是冷色调，可以给它增加一点青色、绿色和蓝色，这样就适当地为阴影部分增加了冷色调，如图 16-3-3 所示。

图 16-3-2

图 16-3-3

　　"中间调"控制的是照片中相对中性的色彩部分，也可以将其定义为中灰区域，用户可以自由选择让中间调偏向冷色或暖色。例如，为中间调增加暖色调，可以观察到照片中灰色区域的暖色成分增加，如图 16-3-4 所示。

　　"高光"控制的是照片中最亮的区域，用户可以通过调整颜色来改变高光区域的色调，如图 16-3-5 所示。

图 16-3-4

图 16-3-5

　　对于"保留明度"复选框，如果不勾选它，那么照片的明度将不会发生变化，如图 16-3-6 所示。但是，如果勾选这个复选框，那么照片的明度就会发生变化，如图 16-3-7 所示。

图 16-3-6   图 16-3-7

16.4　照片滤镜

本节讲解"照片滤镜"命令的使用方法。

打开 PS，将照片导入 PS。然后单击"照片滤镜"按钮，弹出"照片滤镜"的"属性"面板，如图 16-4-1 所示。在"属性"面板中，我们可以将"滤镜"和"颜色"两个选项理解为叠加形式，即要么叠加滤镜，要么叠加用户自己选择的颜色。

图 16-4-1

在"滤镜"下拉列表中，有多种类型的滤镜可供选择，包括暖色滤镜和冷色滤镜等，如图 16-4-2 所示。当选择不同滤镜时，底下的"颜色"会发生变化，用户可以根据颜色来判断选择的滤镜是暖色滤镜还是冷色滤镜，如图 16-4-3 所示。

图 16-4-2

图 16-4-3

如果选择"颜色"选项，鼠标指针会变成吸管状，吸取想要调整的颜色，然后利用拾色器进行更改即可，如图 16-4-4 所示。"密度"参数可以控制颜色的鲜艳程度，如图 16-4-5 所示。

图 16-4-4

图 16-4-5

　　面板底部还有一个"保留明度"复选框，它基于照片进行计算，保持照片原有的亮度水平。使用户在对颜色进行加深或减淡操作时，不会对画面的明暗产生影响。

16.5　通道混和器

　　本节讲解通道混和器的使用方法。

　　打开 PS，将照片导入 PS。然后单击"通道混和器"按钮，弹出通道混和器的"属性"面板，如图 16-5-1 所示。通道混和器的调色原理是将原始通道的颜色信息进行计算混合，然后将计算结果输出到指定的通道，从而改变照片的色彩效果。

图 16-5-1

　　那么，通道混和器有什么作用呢？想要让照片的颜色更暖一些，很多人可能会调整"色相 / 饱和度"工具来实现。然而，使用"色相 / 饱和度"可能会导致色彩断层，而使用通道混和器进行调整可以得到一张没有色彩断层的照片。也就是说，使用通道混和器调色可以保持良好的画面品质和色彩信息。

　　下面讲解输出通道。如果"输出通道"是"红"，可以理解为所有调整都以红色为准。滑动下面的"红色"参数滑块，向左滑动滑块会使照片产生青色，向右滑动滑块会使照片产生红色。而滑动"绿色"参数滑块，向左滑动滑块也会使照片产生青色，如图 16-5-2 所示，向右滑动滑块也会使照片产生红色，如图 16-5-3 所示。"绿色"参数控制图中所有带有绿色像素的部分。

图 16-5-2

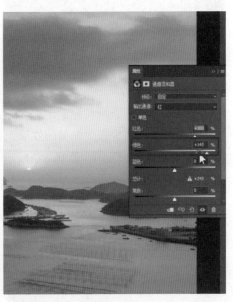

图 16-5-3

　　接下来为照片添加暖色调。首先，设置"输出通道"为"红"。然后，在所有带有绿色信息的区域中增加一些红色。通过这样的调整，可以观察到在整个画面中，所有带有绿色的区域都增加了红色，如图 16-5-4 所示。

　　"蓝色"参数可以控制画面中所有带有蓝色像素的区域，但通常这些区域都属于阴影部分。要为照片中的蓝色区域增加一些冷色调，可以将颜色向青色方向进行微调，如图 16-5-5 所示。经过调整，照片的冷暖对比略微增强了一些，但仍然不够明显。

图 16-5-4 图 16-5-5

　　下面将"输出通道"选为"绿"。选择绿色通道后,向左滑动"绿色"滑块会添加洋红色,向右滑动则会添加绿色。为照片中的红色区域增加一些绿色,这样可以使整个画面呈现出偏黄的效果,如图 16-5-6 所示。接下来为照片中的绿色区域增加一些洋红色,如图 16-5-7 所示。调整完成后,可以观察到整个照片呈现出偏洋红色的效果,同时也加强了画面的冷暖对比。

图 16-5-6 图 16-5-7

最后将"输出通道"选为"蓝"。选择蓝色通道后，向左滑动"蓝色"滑块会添加黄色，向右滑动则会添加蓝色。为照片中的绿色区域增加适量的黄色，以使整个画面呈现出稍微偏暖的色调，如图 16-5-8 所示。最后，为照片中的蓝色区域添加一些蓝色，用来增强冷色调，如图 16-5-9 所示。这样照片的效果就制作完成了。

图 16-5-8

图 16-5-9

16.6　颜色查找

本节讲解"颜色查找"命令的使用方法。

"颜色查找"主要用于制作照片的预设。打开 PS，将照片导入 PS。然后单击"颜色查找"按钮，弹出"颜色查找"的"属性"面板，如图 16-6-1 所示。"属性"面板中有 3 个选项。

在"颜色查找"的"属性"面板中，主要使用的选项是"3DLUT 文件"。"3DLUT 文件"实际上是一系列预设选项集合，如图 16-6-2 所示，包括暖色、冷色和偏灰的胶片色等，使用不同的预设将呈现不同的效果。

图 16-6-1

图 16-6-2

第 17 章　照片反差调整命令

本章将结合具体照片讲解 PS 中照片反差调整命令的使用方法。

17.1　反相

本节讲解"反相"命令的使用方法。

打开 PS，将照片导入 PS，如图 17-1-1 所示。然后单击"反相"按钮，照片会立即被执行反相处理，如图 17-1-2 所示。

图 17-1-1　　　　　　　　　　　　　　　图 17-1-2

"反相"用于对画面的明暗和色彩进行反转，它可以将照片中暗的地方转换为亮色，亮的地方转换为暗色，并对颜色进行相应的对比反转。

17.2　可选颜色

本节讲解"可选颜色"命令的使用方法。

打开 PS，将照片导入 PS。然后单击"可选颜色"按钮，弹出"可选颜色"的"属性"面板，如图 17-2-1 所示。在"颜色"下拉列表中，可以选择不同的颜色，

如图 17-2-2 所示。需要注意的是，选择"白色"可调整照片中的亮部区域，选择
"中性色"可调整照片中的灰色区域，选择"黑色"可调整照片中的暗部区域。

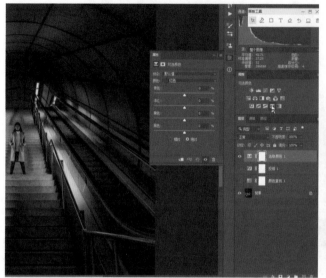

图 17-2-1

图 17-2-2

在面板下方有多个颜色参数，如图 17-2-3 所示。
通过向左滑动相应的滑块可以减少数值，向右滑动可以
增加数值。减少"青色"参数值会给照片增加红色，减
少"洋红"参数值会给照片增加绿色，减少"黄色"参
数值会给照片增加蓝色，减少"黑色"参数值会增加颜
色的亮度，增加"黑色"参数值会使颜色变暗。

图 17-2-3

"相对"和"绝对"选项用于控制色彩范围选择的
精确程度。选择"相对"单选按钮，只会选择一个大致
的范围，而选择绝对单选按钮，则可以非常精细地选择
一个范围。

17.3　渐变映射

本节讲解"渐变映射"命令的使用方法。

打开 PS，将照片导入 PS。然后单击"渐变映射"按钮，弹出"渐变映射"

的"属性"面板，同时会对照片进行处理，将照片去色，从而呈现出一个由前景色到背景色的渐变效果，如图 17-3-1 所示。

图 17-3-1

在"属性"面板中，有一个颜色渐变条，从左到右分别对应照片的暗部、中间调和高光区域，如图 17-3-2 所示。如果在渐变条上填充两种或多种颜色，那么左侧的颜色代表照片暗部的颜色，右侧的颜色代表高光区域的颜色，而中间过渡区域的颜色代表中间调的颜色。单击颜色渐变条，会弹出一个"渐变编辑器"对话框，可以在里面选择不同的渐变，如图 17-3-3 所示。

图 17-3-2

图 17-3-3

勾选"仿色"复选框，照片的像素不会变得过于复杂，这样对计算机的处理能力更加友好。而勾选"反向"复选框，则会颠倒照片的明暗渐变效果，如图17-3-4所示。在"方法"下拉列表中，可以选择"可感知""线性"或"古典"选项，如图17-3-5所示。从"可感知"到"线性"，再到"古典"，选项的渐变效果会逐渐增强。一般而言，选择"可感知"方法即可获得不错的效果。

图 17-3-4

图 17-3-5

第18章 照片动态范围调整命令

本章将结合具体照片讲解 PS 中照片动态范围调整命令的使用方法。

18.1 阴影 / 高光

本节讲解"图像"菜单中"阴影 / 高光"命令的使用方法。

"阴影 / 高光"命令比较适合调整明暗比较强烈的照片。打开 PS，将照片载入 PS，如图 18-1-1 所示。然后选择菜单栏中的"图像"—"调整"—"阴影 / 高光"命令，如图 18-1-2 所示。

图 18-1-1

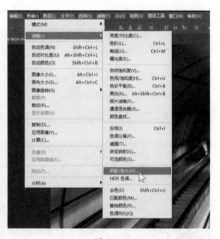

图 18-1-2

弹出"阴影 / 高光"对话框，其中有许多参数。在"阴影"选项区域，"数量"参数用于控制照片的明亮程度，"数量"参数值越高，画面就会越亮，如图 18-1-3 所示。但是如果将"数量"参数值调得过大的话，照片中的阴影部分会不自然，这时可以调整"色调"参数。"色调"参数用于控制调整照片的范围，如图 18-1-4 所示。

图 18-1-3 图 18-1-4

"半径"参数用于控制选取区域。如果"半径"值为 0，选择的是整个图层。如果增大"半径"参数值，可以选择的范围就缩小了，如图 18-1-5 所示。

在"高光"选项区域，有着相同的参数，可以调节照片中的高光。

在"调整"选项区域，"颜色"参数的默认值是 20，用于控制照片的饱和度。增大"颜色"参数值，则照片的饱和度也被提高了，如图 18-1-6 所示。

图 18-1-5 图 18-1-6

　　"中间调"参数用于控制照片中间调的对比度。如果降低其值，则整个照片的对比度就会非常低，整个画面就会呈现平面的感觉，如图 18-1-7 所示。如果提高其值，照片的对比度就被提高了，如图 18-1-8 所示。

图 18-1-7

图 18-1-8

　　"修剪黑色"和"修剪白色"一般不调整，保持默认值即可。它们控制着照片中最黑和最白的颜色，如果过分调整可能会丢失细节。对话框底部还有"存储默认值"的按钮，如图18-1-9 所示。调整好参数后，如果下次还想使用相同的参数值，可以将其储存为默认值，下次使用时直接载入即可。

图 18-1-9

18.2　HDR 色调

　　本节讲解"图像"菜单中"HDR 色调"命令的使用方法。

　　打开 PS，将照片载入 PS，如图 18-2-1 所示。然后选择菜单栏中的"图像"—"调整"—"HDR 色调"命令，如图 18-2-2 所示。

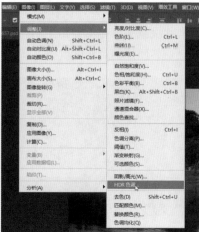

图 18-2-1　　　　　　　　　　　　　　　　　图 18-2-2

　　弹出"HDR 色调"对话框。在"预设"下拉列表中，可以选择不同的预设，如图 18-2-3 所示，不同的预设有不同的效果。在"方法"下拉列表中，可以选择不同的选项，如图 18-2-4 所示。

图 18-2-3　　　　　　　　　　　　　　　　　图 18-2-4

　　选择不同的方法会有不同的参数。比如，选择"曝光度和灰度系数"选项，那么就只能调整曝光度和灰度系数，如图 18-2-5 所示；如果选择"高光压缩"选项，照片的高光部分将自动压缩，如图 18-2-6 所示。

图 18-2-5　　　　　　　　　　　　　　　　图 18-2-6

　　下面讲解"局部适应"方法的参数。当为照片提高对比度时，照片会产生一个白边。"边缘光"中的"半径"参数用于控制白边的范围；"强度"参数用于控制白边的强度；勾选"平滑边缘"复选框会使被选择的区域更平滑。

　　在"色调和细节"选项区域，如果将"灰度系数"参数的滑块向右滑动，会降低照片的亮度和对比度，如图 18-2-7 所示，滑块向左滑动，会提高照片的亮度和对比度，如图 18-2-8 所示。

图 18-2-7　　　　　　　　　　　　　　　　图 18-2-8

　　"曝光度"参数用于控制照片中高光区域的亮度，如果增大其值，可以提高高光区域的亮度，如图 18-2-9 所示。如果增大"细节"参数值，照片就会被锐化，如图 18-2-10 所示，如果减小其值，照片会被柔化。

图 18-2-9   图 18-2-10

在"高级"选项区域，"阴影"控制照片的暗部区域，"高光"控制照片的亮部区域，"自然饱和度"用于调整色彩不明显的颜色，饱和度则用于调整全图的色彩颜色。

在"色调曲线和直方图"选项区域，可以通过调整曲线来控制画面的亮度，如图 18-2-11 所示。

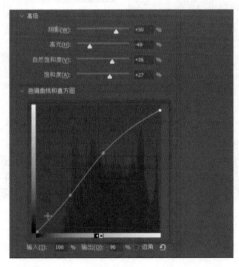

图 18-2-11

第 19 章　其他调色命令

本章将结合具体照片讲解 PS 中其他调色命令的使用方法。

19.1　去色

本节讲解"图像"菜单中"去色"命令的使用方法。

打开 PS，将照片载入 PS，如图 19-1-1 所示。然后选择菜单栏中的"图像"—"调整"—"去色"命令，如图 19-1-2 所示。

图 19-1-1

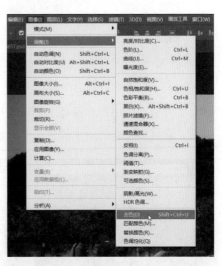

图 19-1-2

此时，照片中所有的色彩信息将被去除，只保留明暗信息，这样就可以得到一张黑白照片，如图 19-1-3 所示。

19.2　匹配颜色

本节讲解"图像"菜单中"匹配颜

图 19-1-3

色"命令的使用方法。

　　打开 PS，将照片载入 PS，如图 19-2-1 所示。然后选择菜单栏中的"图像"—
"调整"—"匹配颜色"命令，如图 19-2-2 所示，弹出"匹配颜色"对话框。

图 19-2-1　　　　　　　　　　　　　　　　图 19-2-2

　　"目标图像"就是指当前选择的照片，也是需要被更改颜色的照片，如图
19-2-3 所示。当用户在照片上创建选区后，如果勾选"应用调整时忽略选区"复
选框，就可以忽略的图中的选区，对整体照片进行调整，如图 19-2-4 所示。

图 19-2-3　　　　　　　　　　　　　　　　图 19-2-4

　　"明亮度"参数用于控制照片的亮度；"颜色强度"参数用于控制照片的饱
和度；"渐隐"参数可用于控制原图显示的不透明度；"中和"选项是指计算机
根据自己的计算对照片中的颜色进行混合，从而实现平滑过渡的效果。

在"图像统计"选项区域，在"源"下拉列表中选择一张作为参考色的照片，如图 19-2-5 所示。勾选"使用目标选取计算调整"复选框，取消勾选"应用调整时忽略选区"复选框，如图 19-2-6 所示，就可以对照片中的选区部分进行颜色的混合调整了。

图 19-2-5

图 19-2-6

如果想要使用"使用源选区计算颜色"，需要在通过"源"下拉列表选择的照片建立选区，如图 19-2-7 所示。此时，即激活了"使用源选区计算颜色"复选框，如图 19-2-8 所示，选中它后可以将源选项照片中选区的颜色与目标图像的颜色进行混合。

图 19-2-7

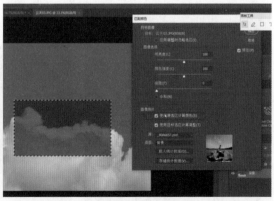

图 19-2-8

当将照片的颜色混合好之后，可以单击"储存统计数据"按钮进行储存。等到想要使用时，单击"载入统计数据"按钮即可。

19.3 替换颜色

本节讲解"图像"菜单中"替换颜色"命令的使用方法。

打开 PS，将照片载入 PS，如图 19-3-1 所示。然后选择菜单栏中的"图像"—"调整"—"替换颜色"命令，如图 19-3-2 所示。

图 19-3-1

图 19-3-2

此时，弹出"替换颜色"对话框，如图 19-3-3 所示。使用吸管工具吸取照片背景颜色，可以在选区中看到选取的范围，如图 19-3-4 所示。拖动"颜色容差"滑块可以通过控制颜色的容差更精确地选取选区范围。

图 19-3-3

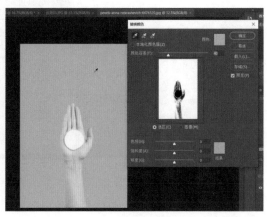

图 19-3-4

如果想要扩展选区的范围，可以使用带加号的吸管进行添加。如果想要减少选区的范围，可以使用带减号的吸管进行缩减。调整"色相"参数可以改变所选区域的颜色，如图 19-3-5 所示。调节"饱和度"参数可以对颜色的饱和度进行提高或降低。通过调整"明度"参数可以改变颜色的明暗程度，如图 19-3-6 所示。

图 19-3-5

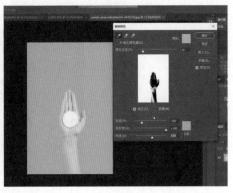

图 19-3-6

19.4　色调均化

本节讲解"图像"菜单中"色调均化"命令的使用方法。

打开 PS，将照片载入 PS，如图 19-4-1 所示。然后选择菜单栏中的"图像"—"调整"—"色调均化"命令，如图 19-4-2 所示，即可直接对照片进行处理。

图 19-4-1

图 19-4-2

使用"色调均化"命令可以重新分配照片中像素的亮度和色彩来增强照片的对比度和细节，并消除照片中的阴影和亮点。查看原照片的直方图，可以看到像素都集中在亮部区域，如图 19-4-3 所示。使用"色调均化"命令后，直方图中的像素进行了延展，并不集中在亮部区域，而是向中间调及暗部区域进行扩展，达到了增强对比度和饱和度的效果，如图 19-4-4 所示。

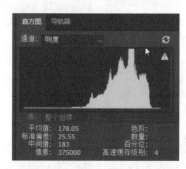

图 19-4-3

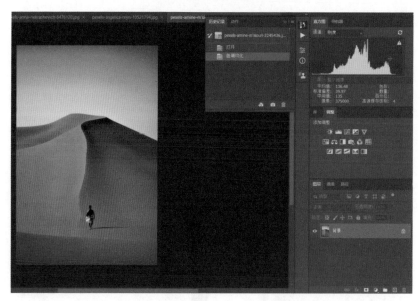

图 19-4-4